大自然真美！
中國國家公園
圖解百科

給孩子的生態保育課

洋洋兔　編繪

新雅文化事業有限公司
www.sunya.com.hk

序

　　高原腹地，大河奔湧，三江之源的萬千水系，孕育了中華民族古老而悠久的歷史文明；崇山峻嶺，茂林深篁，鮮嫩的竹筍在優質的生態環境下欣欣向榮，讓憨態可掬的大熊貓不再為覓食擔憂；雪霽晴空，林海莽莽，天地空一體化監測系統的布設和國際生態廊道的建立，安全庇護着曾一度瀕臨滅絕的野生東北虎……從南到北，從東到西，在中國這片古老的神州大地上，分布着氣勢磅礴的錦繡山河，孕育着不勝枚舉的燦爛文明，上演着無比絢爛的生命奇跡。親愛的小朋友們，你或許在電視上見過這些山川河流、動物植物，但你知道它們背後那些有趣的生態知識和歷史故事嗎？如果你對此興趣盎然，那麼，我想請你記住一個神奇的名字——中國國家公園。

　　地球是全人類賴以生存的唯一家園，維護良好的生態環境是全人類的共同責任。2021 年 10 月 12 日，中國正式設立了第一批國家公園（三江源、大熊貓、東北虎豹、海南熱帶雨林、武夷山），這些區域凝聚了百萬河山最精華的部分，保存着最原真、最完整的生態系統。走進中國國家公園，你可以了解到豐富的生態科普知識和人文歷史知識。我們在享有「中華水塔」美譽的三江源國家公園裏，可以學到高原的水系循環知識；在朱子理學的發祥地武夷山國家公園裏，一品深厚的武夷山茶文化；還可以對海南最主要的生態屏障海南熱帶雨林國家公園裏，看看海南長臂猿寶寶是怎樣快樂成長的！

　　中國國家公園是國家的自然瑰寶，是中國送給世界的珍貴禮物，為世界貢獻國家公園建設的「中國方案」，更是世界生物多樣性畫卷上濃墨重彩的一筆。而《大自然真美！中國國家公園圖解百科——給孩子的生態保育課》則是我們生態環境的守護者獻給小朋友們的禮物，精美的手繪畫卷、有趣的科普知識，為你們開啟了一扇探索中國國家公園的大門，快快跟隨書中兩位小主角阿朵朵和燦爛的步伐，一起乘上這艘了解中國生物多樣性保護的航船，從三江源國家公園開始，展開這段美妙的中國國家公園探險之旅吧！

張希武

生物多樣性是什麼？
假如你不知道，
那麼，物種滅絕呢？

地球上目前已知的物種多達 170 萬種，但實際存在的物種可能是已知物種數目的好幾倍。理論上來說，如此龐大的物種基數，加之持續地繁衍與進化，地球上的生物數量與種類將會越變越多。可事實卻是每年都有上千種野生動植物被劃入瀕危、極危的行列，或是被宣布滅絕，永遠地在地球上消失了。

古生物學家把白堊紀末期發生的恐龍與其他物種滅絕看成是一次羣體滅絕事件，像這樣的事件在地球上發生過不止一次，原因或是隕石撞擊地球，或是海平面和氣候的變化。但是，這和地球當下所面臨的物種滅絕原因有很大不同……

人類與動物、植物一樣，
都是生物，
同享一個地球，
同是地球生物多樣性的一部分。

目前地球上的物種羣體滅絕事件，主要是由於人類活動所造成的。人口增長與人類活動會造成生境（生物的個體、種羣或羣落生活地域的環境，包括必需的生存條件和其他對生物起作用的生態因素）的破壞；人類或有意或無意地將一些物種帶出它們的自然分布區，這些外來物種會破壞被引進地區的生態平衡，導致當地物種滅絕；人類過度開發利用野生生物資源，甚至超過了這些生物種羣的自然恢復能力……

要知道，一個小小種羣的消失，都會讓這個物種喪失一部分遺傳多樣性，從而降低這個物種的適應能力，加速整個物種走向滅絕。而一個物種的消失，又會影響與之相互關聯的其他物種，導致物種多樣性，乃至生態系統多樣性的下降。遺傳、物種、生態系統的多樣性，便是生物多樣性的三個層次。

人類也是構成生物多樣性的一部分，保護生物多樣性就是保護人類自己。而在這份刻不容緩的責任面前，我們的祖國——中國的綠色發展之路正走在世界的前列。

絢爛的生命，
應該由人類自己守護。

人類活動使地球上的物種無時無刻不面臨着嚴峻的生存考驗，對於保護生物多樣性來說，最有效的方法還是保護生物的生境和保護整個生態系統。

中國地域遼闊，山川、河流、密林、沙漠、海洋⋯⋯數不勝數的自然生境孕育着豐富的自然資源，為了保護這些重要、有代表性的自然資源，中國設立了眾多自然保護地。國家公園是自然保護地的一種類型，是由國家管理的，以保護國有土地上的珍貴特有自然資源、壯麗美景和文化為目的，能代表國家形象的公共財產。2017年10月，中共十九大提出：「構建國土空間開發保護制度，完善主體功能區配套政策，建立以國家公園為主體的自然保護地體系」，標誌着中國的自然保護地體系將由現在的以自然保護區為主體轉向以國家公園為主體的建設階段，將建立起更加和諧的人與自然關係、更為健全的保護與管理體制機制，促進更加廣泛的全民參與和全民共享，使國家公園成為美麗中國建設的穩固基石。中國實行國家公園體制，目的是保持自然生態系統的原真性和完整性，保護生物多樣性，保護生態安全屏障，給子孫後代留下珍貴的自然資產。

我們的國家公園
中國給世界的禮物

目錄

2016 年起，中國陸續開展了三江源、大熊貓、東北虎豹、祁連山、海南熱帶雨林、武夷山、神農架、普達措、錢江源、南山10 個國家公園體制試點，後於 2021 年 10 月 12 日正式宣布設立第一批國家公園，包括三江源國家公園、大熊貓國家公園、東北虎豹國家公園、海南熱帶雨林國家公園及武夷山國家公園。本書所述內容涵蓋國家正式公布的 5 個國家公園，以及公布前另外 5 個國家公園試點。其中，各個國家公園及國家公園試點的總面積等數據，為截至本書出版前，相關機構公布或提供的最新數據。

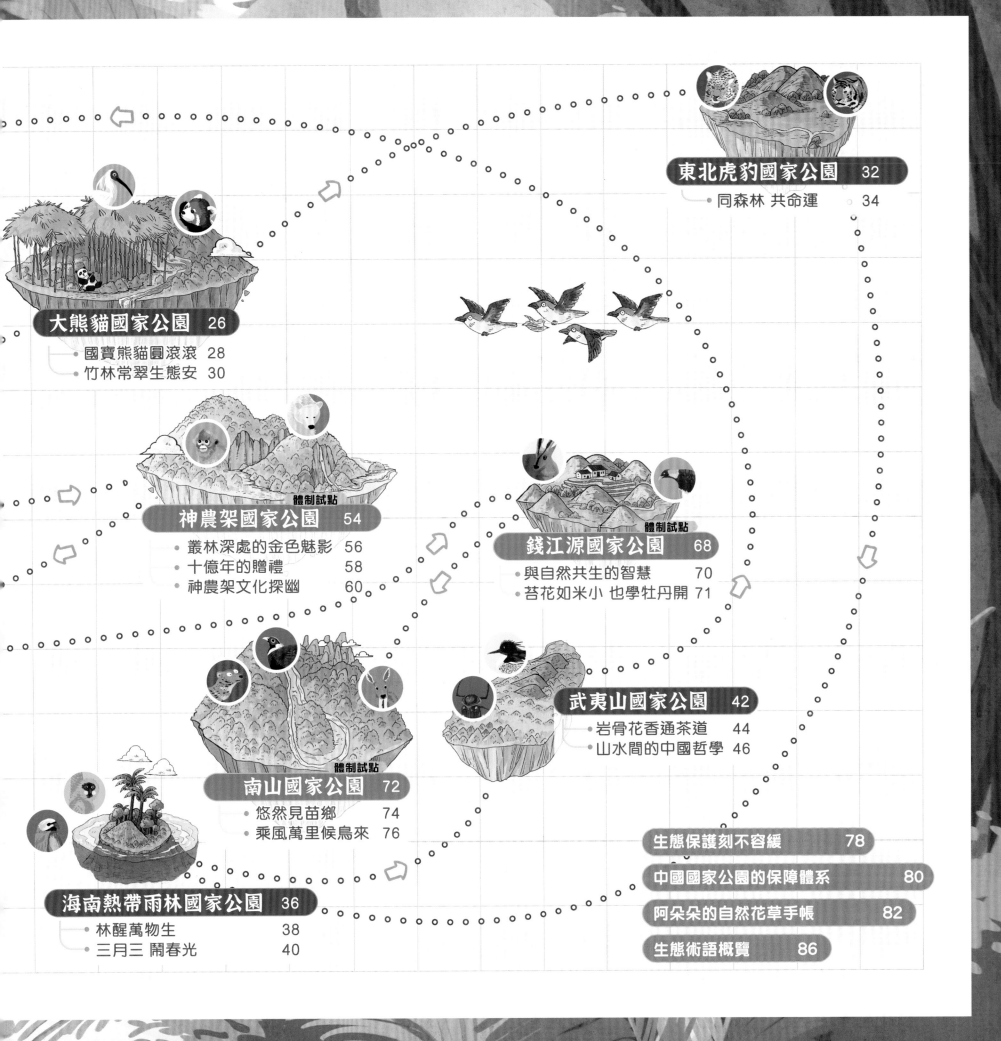

距離砸到熊腦袋還有 1 秒……

燦爛

就這樣，阿朵朵與燦爛的**中國國家公園探險之旅**拉開了帷幕。他們在旅途中將會有怎樣的奇遇？又將學到哪些有趣的自然生態知識呢？讓我們拭目以待吧！

三江源國家公園

三江源國家公園約 190,700 平方公里，長江、黃河、瀾滄江的源頭都在這裏。這裏保持着大面積的原始自然生態，百獸自在競蹄、百鳥自由翔翔、千湖靜臥、人與自然和諧共生。

野犛牛
青藏高原特有種，家犛牛的野生同類。

藏羚羊
主要分布於中國青藏高原，被稱為「可可西里的驕傲」。

岩羊
非常善於攀登懸崖峭壁。

長 江 源 園 區

你猜我是蟲還是草？

冬蟲夏草
中國特有的中藥材，實際上是真菌與蝙蝠蛾幼蟲形成的複合體。

藏棕熊
棕熊最稀有的亞種之一。

瀾 滄 江

白馬雞
中國特有鳥類。

嗯？我好像聞到了危險的氣味……

雪豹
生活在高原地區的大型貓科動物，被稱為「雪山之王」。

白唇鹿
白唇鹿的嗅覺和聽覺都非常靈敏。

大果圓柏
中國特有樹種。

三江之水天上來

在遙遠的青藏高原腹地，有一座人跡罕至的「人間仙境」——三江源。三條氣勢恢宏、洶湧澎湃的江河在此發源，共同譜寫出一曲頌揚生命之源與文明之源的讚歌。

三江之源	三江源即長江、黃河、瀾滄江這三大江河的源頭。獨特的高海拔自然環境，令三江源孕育了高原湖泊、高寒沼澤濕地等的水資源種類，為三大江河提供了重要的水源補給，每年向中下游供水近 600 億立方米，是中國及中南半島（包括泰國、柬埔寨、越南等地）10 多億人的生命之源，素有「中華水塔」之稱。

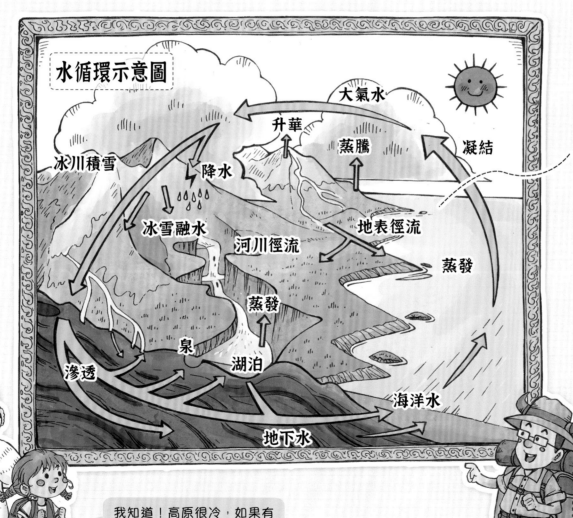

水循環示意圖

冰川積雪　降水　升華　大氣水　蒸騰　凝結
冰雪融水　河川徑流　地表徑流　蒸發
蒸發　泉　湖泊　海洋水
滲透　地下水

每年春夏之交，三江源地區會迎來豐沛的降水，它們有的匯入到江河，有的融入冰川，有的滲透到地底成為地下水。在這裏，沒有一滴水是多餘的，它們都以不同的水資源形式，為這片高原成為江河源頭創造着條件。

沒錯，阿朵朵說的熱空氣指的就是暖濕氣流。春夏的晚上，印度洋季風形成的暖濕氣流，與中東高壓的偏西氣流在青藏高原匯聚，在高海拔地形的影響下，形成了豐沛的降雨。

高原上竟然會下這麼多雨呀！

我知道！高原很冷，如果有熱空氣上升，遇到高原上空的冷空氣，就會凝結成小水珠，形成降雨！

生態系統築屏障

獨特的地理和氣候條件，造就了三江源豐富的生態系統。森林、草地、高寒荒漠、濕地在這裏更迭出現，為青藏高原築起重要的生態屏障。

濕地生態系統

三江源的冰雪融水量很充足，地下凍土又限制了水分下滲，所以這裏的地表水十分豐富，形成了世界上海拔最高、面積最大、分布最集中的濕地生態系統。

在三江源的濕地生態系統中，鬆軟的草甸是不可或缺的一環，它就像海綿一樣，把零散的冰雪融水「集合」起來，匯入地下徑流，最終流入江河，有效地預防了大量融水迅速流入江河。

草地生態系統

草地生態系統是三江源最主要的生態類型。

高原上生長的牧草讓這裏的食草動物有了穩定的食物來源。

草地能防風固沙，淨化空氣。

森林生態系統

在三江源，森林所佔的面積很小，卻擁有不可替代的作用。

林地中的大部分植物為青藏高原特有種，發揮着水源涵養、水土保持、吸收二氧化碳等重要的生態功能。

一人多高的灌木林是很多小型動物喜愛的藏身之所。

為了降低交通線對野生動物遷徙、繁衍的影響，青藏鐵路在修建時，設計了可供野生動物通過的生物廊道。

高寒荒漠生態系統

三江源境內的可可西里就屬於「天生」的高寒荒漠生態系統，這裏自然環境嚴酷，人類鮮少涉足，卻為藏羚羊、藏野驢等高原野生動物創造了得天獨厚的生存條件。

人為原因導致的荒漠化需要人為干預治理，但像可可西里這樣「天生」的高寒荒漠生態系統，我們需要做的是保護，避免因為多餘的綠化，影響原本依賴高寒荒漠生存的動植物。

高原上的精靈

在三江源國家公園境內，有一片無人居住的遼闊荒漠——可可西里。這裏自然環境惡劣，鮮有人踏足，但正因如此，可可西里成了野生動植物的樂園。

千里遷徙的藏羚羊

每年4月至6月，雌藏羚羊在產崽前，都會從棲息地遷徙到青藏高原的西北部生產，一段時間後，會再返回棲息地。

並且很快就能快速奔跑。

剛出生的小藏羚羊，吃幾口奶後就能站起來，

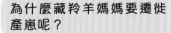

為什麼藏羚羊媽媽要遷徙產崽呢？

這還是個未解之謎，有些科學家猜測是為了躲避天敵，降低幼崽被捕食的風險。

藏羚羊生產後的胎盤是許多肉食動物和鳥類的食物。

藏羚羊

發達的四肢和呼吸系統有利於遠距離奔跑。

獨特的鏟形蹄子，能鬆土，使牧草長勢旺盛。

糞便是牧草的優質有機肥料。

高原上的勇士野氂牛

野氂牛體形龐大，成年後的體重可超1噸，能夠棲息在人跡罕至的高山峯頂和荒漠草原等惡劣的環境中。

長達40厘米的毛如同斗篷，可以遮風避雨、保暖禦寒。

野氂牛

雙角斜向外伸出，堪稱防禦與進攻兼具的殺手鐧。

又圓又粗的蹄子上，長有小而尖的趾甲，能像錐子一樣固定住身體。腳掌長有柔軟的角質，有利於減緩身體下滑的速度和衝力。

大鵟（粵音：狂）

三江源常見的猛禽，擁有高超的飛行技術，捕蛇技術一絕。

雪豹

高山食物鏈中的頂級獵手。能在陡峭的懸崖上伏擊、捕食。

到了繁殖期，野氂牛會組成「一夫多妻」制的小家庭，一旦遭遇猛獸的襲擊，牠們就會自動圍成一圈，犄角向外，將小氂牛保護在其中。

各顯神通的植物

想在空氣稀薄、冰天雪地的高原上生存，植物也各自施展着奇妙的高招。

高原植物的生存智慧

沙棘

紅柳

多刺綠絨蒿

體態矮小的植物更利於維持自身溫度，身高可達十幾米的沙棘在這裏「縮水」成了幾厘米。

紅柳的根鬚可以深入地下約30米，只為能在乾旱的地區找水「喝」。

有些植物把葉子退化成小刺，能有效減少水分流失，還能令食草動物望而卻步。

高原上的紫外線格外酷烈，更會抑制植物的生長，有些植物便產生了可以吸收紫外線的花青素，它們的花朵常會呈現出紅、藍、紫三種顏色。

藥用植物種類多

三江源地區還是我國藥材資源的寶庫呢！這裏的高原藥材在嚴峻的環境中生長，有着更加優良的藥用價值。不過，很多野生植物都是國家重點保護野生植物，不可以私自採摘哦。

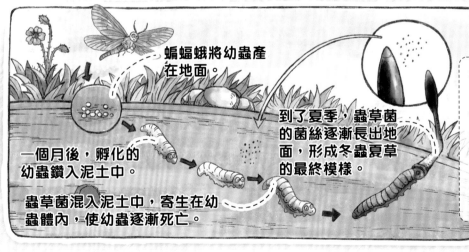

蝙蝠蛾將幼蟲產在地面。

一個月後，孵化的幼蟲鑽入泥土中。

蟲草菌混入泥土中，寄生在幼蟲體內，使幼蟲逐漸死亡。

到了夏季，蟲草菌的菌絲逐漸長出地面，形成冬蟲夏草的最終模樣。

冬蟲夏草

三江源的高海拔地帶非常適合冬蟲夏草的生長。每年6月，就可以看到很多結伴而行的小朋友上山挖蟲草。他們可沒有偷懶不上學！在青藏地區，中小學生們有個專門的假期就是「蟲草假」呢！

除了冬蟲夏草，三江源地區還生長着許多千百年來人們廣泛使用的傳統草藥。

大黃

貝母

紅景天

羌活

大熊貓國家公園

大熊貓國家公園跨四川、陝西、甘肅三省，整合各類自然保護地 69 個，總面積約 22,000 平方公里。大熊貓國家公園的設立，不僅使分散在不同棲息地的大熊貓種羣得以交流，還庇護着園區內上千種野生動植物，是全球生物多樣性熱點保護區之一。

松雀鷹
小型猛禽。

箭竹
大熊貓的主要
食物來源。

吃得好飽，
有點睏……

羚牛
大型牛科食草動物。

大熊貓
中國特有物種，
被譽為「國寶」。

東方角鴞（粵音：囂）

東方角鴞在情緒激動或受到威脅時，會豎起牠們的「耳羽」，看起來像是一對小角。

紅腹錦雞

中國特有的鳥種，雄鳥羽毛華麗，雌鳥則較為灰暗。

川金絲猴

國家一級重點保護動物。厚厚的金色皮毛有助於川金絲猴適應寒冷潮濕的高山森林環境。

胡兀鷲（兀鷲粵音：屹就）

喜食腐肉，嘴鈎非常有力，能啄碎大塊的骨頭。

小熊貓

小型樹棲哺乳動物，和大熊貓一樣喜食箭竹。

三尾褐鳳蝶

中國特有蝶類。

中華虎鳳蝶

中國特有蝶類，中國昆蟲學會蝴蝶分會的會徽便以牠為原型而設計。

27

國寶熊貓圓滾滾

20世紀，人類大規模的伐木和猖獗的偷獵行為，使大熊貓棲息地遭到了嚴重的破壞，野生大熊貓數量岌岌可危，一度被列為世界瀕危物種。滅絕的警鐘已經敲響，保護工作刻不容緩！

大熊貓的保護

截至2021年3月，中國的野生大熊貓數量近1,900隻，牠們中的很多成員，都是被保護工作者成功救助或人工繁育，隨後野放回歸山林的。大熊貓的保護等級也因此從瀕危降到了易危，種羣數量實現了恢復性增長。種種成果背後，離不開保護工作者的巨大付出與努力。

陪我玩！

為了讓大熊貓吃好睡好，工作人員每天至少要準備40公斤的食物，清理大熊貓排出的十多公斤糞便，此外還需要具備超強的意志力，以抵抗「圓滾滾」的撒嬌行為。

意志力有了，接下來是演技！工作人員會定期去野外為大熊貓體檢，記錄健康狀況。為了確保不讓敏感的大熊貓受到驚嚇，捨棄熟悉的棲息地，工作人員會穿上熊貓服，並在上面塗抹大熊貓的糞便，以此遮蓋人類的氣味。

新來的，你長得好似有點不對勁……

演完大熊貓還要演「小偷」。大熊貓在野外通常只有能力撫養一隻大熊貓寶寶，當一胎產下兩個寶寶時，就會為了保全一隻而放棄另一隻。在繁育中心，工作人員會趁機「偷」走大熊貓媽媽懷裏的那隻寶寶，並迅速把另一隻寶寶替換上去，讓牠們都能得到媽媽的照顧，健康成長。

媽媽，你猜我是大寶還是二寶？

剛出生的大熊貓寶寶皮膚是粉紅色的，身上只有稀疏的白毛，體重僅有成年大熊貓的千分之一。

生活起居上的問題都容易解決，最讓人傷腦筋的，還是關係到大熊貓種羣繁衍的「人生大事」。

不想結婚

不想生孩子

大熊貓自身的繁育能力非常低，種群數量一旦減少，恢復速度將極其緩慢，這也是導致牠們曾經成為瀕危物種的原因之一。

情路坎坷的大熊貓「姬姬」輾轉數國，多次安排相親無果，一生都沒有繁育後代。

大熊貓「寶寶」還對相親對象大打出手，到了晚年仍形單影隻。

研究人員為此不斷探索與嘗試，經歷了無數次的失敗後，終於令中國的大熊貓繁育研究逐漸走向成熟。以成都大熊貓繁育研究基地為例，1987 年時，基地僅有 6 隻珍貴的大熊貓，如今已成功繁育了 200 多隻健康的大熊貓。

皮毛很厚，毛色黑白相間。

臉頰肉肉的，有大大的「黑眼圈」。

行走速度較慢，腳步呈「內八字」。

大熊貓很愛喝水，牠們的棲息地一般都在水源附近。

大熊貓的一天

我們的「圓滾滾」可不是因為好吃懶做才不停地吃和睡噢！

06:00
起牀，開始！

香甜脆嫩的竹子是大熊貓賴以生存的主糧，牠們每天幾乎要花一大半時間啃竹子。

09:00
才吃了 3 個小時，不夠！

除了吃東西，剩下的時間大熊貓幾乎都在睡覺。

12:00
我好像夢見自己有一座竹筍山……

15:00
一個大竹筍、兩個大竹筍、三個……

大熊貓的消化系統不好，竹子中能被大熊貓吸收的營養和水分非常少，只有不停地吃才能保證身體正常的新陳代謝，而不停地睡覺能減少能量消耗。

18:00
竹筍竹筍……

大熊貓的便便是「香」的喔！由於竹子幾乎沒有充分消化就被排出，所以便便不但不臭，還有一股淡淡的竹子清香。

21:00
晚安啦，美味的竹子。

咦？大熊貓怎麼是個「內八字」？

大熊貓後腳短前腳長，體重又大，這樣走路能讓身體重心前移，減少體重對後腳的壓力。

在我國秦嶺，還發現過一種極為稀有的棕色大熊貓，至今為止，牠們也僅僅在秦嶺地區被發現過。科研人員對於牠們棕白相間的毛色成因，曾有過多種推測，但都沒能得出可靠的結論，現在仍然是未解之謎。

竹林常翠生態安

大熊貓國家公園的氣候溫暖濕潤，肥沃的土壤為竹類和其他野生植物提供了優質的自然生長環境。這裏竹林面積廣袤，竹子種類繁多，可謂大熊貓的「美食天堂」了！

竹子開花並不「美」

竹子是大熊貓生命中不可或缺的主糧，所以消耗量極大，但好在竹類的繁殖與生長速度很快，無論竹莖、竹葉還是竹筍，都能在一年四季之中為大熊貓提供食物。不過，這看似完美的背後，卻潛藏着一顆不知何時會引爆的炸彈——竹子開花。

大熊貓的食譜與季節息息相關。通常牠們春夏吃竹筍，秋吃竹葉，冬吃竹莖。

竹莖

竹葉

竹筍

竹筍脆爽可口，含有豐富的蛋白質，是大熊貓最愛吃的部分。

如果你了解竹子，就會感歎它絕不是一種普通的植物。竹子通常十幾年或幾十年開一次花，並且往往毫無預兆，開花的原因至今也沒有一種完全準確的答案。不過，新老竹子同時開花的原因卻已被證實——同根。

竹子本自同根生

20 世紀 80 年代，四川臥龍、九寨溝等地的箭竹像約好了一樣，無論新老，一夜之間開滿了花……箭竹開花後便會枯死，使野生大熊貓失去食物來源，面臨死亡的威脅。

大片的竹林便是由於地下莖不斷擴散而形成的，它們本來就是同根一體，所以才會同時開花。

地下莖
竹的地下莖是橫向生長的，有很多節，節上長有根鬚和芽。

一些芽會鑽出地面，長成竹筍。

地上莖(竹稈)
竹筍節節拔高，最終成長為竹子。

一些芽會成長為分支，發展成新的地下莖。

竹子在生長旺盛期時，一天就能約長1米，如果靠近傾聽，甚至能聽到它生長時拔節的響聲。

第一天
第二天
第三天

為什麼竹子長得那麼快？我也想像它一樣快點長高。

一般植物的生長組織只在枝條末梢，但竹子是節狀生長，每一節都有生長組織。如果一根竹子有15個竹節，那它的生長速度就相當於其他植物的15倍，當然長得快啦！

根據現有研究，大熊貓的祖先是一種肉食性的始熊貓。為了適應當時的惡劣環境，以及減少與其他獵食者的競爭，始熊貓在漫長的進化中逐漸改變了食性。今天我們所認識的大熊貓，雖然還保留着一些肉食動物的特徵，但由於長期吃素，很多身體構造都已經發生了改變。

我雖然偶爾也會吃肉。但肉哪裏有竹子香呢！

籽骨
前掌進化出一個像大拇指的籽骨，有助於抓握食物。

長期以竹類為食，長出了咀嚼肌。

臼齒
臼齒變得非常發達，能更有效地咀嚼竹子這樣高纖維性的植物。

為了消化竹子，腸道產生了適應竹子纖維分解的微生物。

我們也愛吃竹子

中華竹鼠
顧名思義，這是一種愛吃竹子的齧齒類動物。

小熊貓
小熊貓的名字裏雖然也有「熊貓」二字，但牠們與大熊貓並不是同類。除了竹筍和嫩竹葉之外，小熊貓還喜歡吃水果和鳥蛋。

角尖向內，是扭曲狀，別稱扭角羚。

羚牛
羚牛看起來溫馴憨厚，實際性情卻十分暴躁。牠們食性較廣，其中就包括竹筍、竹葉。

竹象
又名竹直錐大象蟲，是一種以竹筍為主食的害蟲。牠們會將蟲卵產在筍尖內，幼蟲孵化後就順勢鑽到竹筍裏頭不停地啃食，直到準備結蛹，才會從竹筍裏出來，鑽到地下。

藏酋猴
藏酋猴以多種植物的葉、芽、果、枝及竹筍為食，是中國獼猴屬中體形最大的種類。

東北虎豹國家公園

總面積約 14,100 平方公里，以中低山、峽谷和丘陵地貌為主，森林面積廣闊，是我國東北虎、東北豹種羣數量最多、活動最頻繁、最重要的定居和繁育區域。

中華秋沙鴨

一種原始的雁形目鳥類，至今已有 1,000 多萬年的生存歷史，因此有「鳥類中的活化石」之稱。中華秋沙鴨的嘴長而窄，呈紅色，鼻孔位於嘴峯中部，與其他雁形目鳥類扁平的嘴形不同。

東北紅豆杉

又名紫杉，遠古時候第三紀遺留下來的珍貴樹種，樹高可達20米，是重要的藥用植物。

東北豹

又名遠東豹，是豹的一個亞種，喜歡獨居生活，白天常在樹上或岩洞中休息，夜間活動覓食。

天黑了，該起牀活動活動筋骨了。

跑，不跑，跑，不跑，跑……

紅外相機

好像拍到「夜貓子」了。

紅外相機能通過感知動物的體溫進行自動拍攝，可以幫助我們監測森林動物的活動。到 2021 年底，整個園區已經安裝 2 萬多台了。

好神奇，它是怎麼做到的？

人參

著名藥用植物，被譽為「百草之王」。

狍子

狍子受驚後尾白的白毛會炸開，變成「白屁股」，然後思考要不要逃。

野豬
外形與家豬相似，但背上的鬃毛發達，雄性還長有明顯的獠牙（向上翹起生長的上下犬齒）。野豬多在夜間結羣活動，採食嫩枝、果實、草根等。

斑羚
一種體形較小的偶蹄類動物，喉部長有一團白色或棕白色的毛。雌雄兩性頭上都長角，常在密林間的陡峭崖坡出沒。

捉迷藏開始。晚餐們躲好了嗎？

麝香是成熟雄麝的臍香腺囊中的分泌物，在乾燥後形成的。

原麝
又名香獐，是一種小型偶蹄類動物，雌雄均無角。

梅花鹿
因夏毛上的白斑似梅花鹿而得名。

東北棕熊
棕熊的亞種之一。

東北虎
東北虎是現存體形最大的貓科動物，屬於虎的一個亞種，喜歡在夜間活動。牠的眼球中有一個像鏡子似的特殊結構，即使再微弱的光也能被反射，在夜裏看得很清楚。

黃喉貂
因前胸部長有鮮明的黃色斑塊而得名。

同森林 共命運

東北森林曾遭受過惡劣的人為破壞，被大量砍伐樹木，濫殺野生動物，導致食物鏈嚴重受損，即使處於這條食物鏈頂端的東北虎、豹也受到影響，數量呈斷崖式減少，距滅絕僅一步之遙。每種生物在食物鏈中都佔有重要地位，牠們雖然遵循着弱肉強食的規則，可命運的好壞卻與力量的強弱無關，缺失任何一環，整條食物鏈的平衡都難以維持。

能量每傳遞一次，都會有90%以上的消耗，僅有不到10%的能量可以繼續傳遞下去。因此，越是在食物鏈上層的生物，牠們能獲得的能量就越少，這種生物的數量也就越少。

老虎這麼厲害。怎麼會滅絕呢？

生物金字塔所構建的，是生物之間捕食與被捕食的食物鏈關係。

原來如此！東北虎在東北森林中就處於生物金字塔頂端，牠獲得的能量最少，數量也就最少。

在這條食物鏈中，只要有一個物種遭到嚴重破壞，就會打亂整個能量傳遞的過程！東北虎也就沒有吃的了。

頂級肉食動物

肉食動物

草食動物又通過吃植物來獲取能量。

能量向上傳遞

草食動物

植物處於食物鏈最底層，它們通過光合作用捕獲陽光，獲取能量。

植物

34

東北虎

保護色
身體上有很多形似柳葉的黑色窄條紋。

耳朵
黑色，圓短，中間有一塊白斑。

前額
有數條黑色橫紋，很像「王」字。

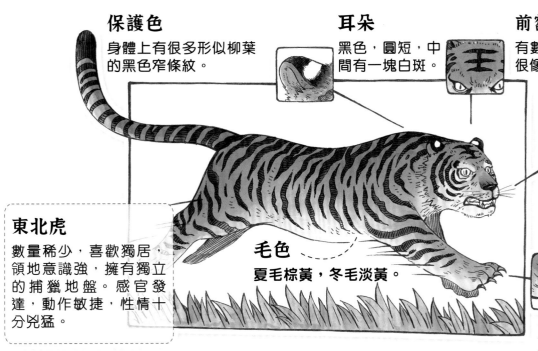

牙齒
大而尖銳，能一口咬穿獵物喉嚨。

毛色
夏毛棕黃，冬毛淡黃。

東北虎
數量稀少，喜歡獨居，領地意識強，擁有獨立的捕獵地盤。感官發達，動作敏捷，性情十分兇猛。

爪子
鋒利，帶鉤，伸縮自如。

東北虎、豹的毛色這麼鮮豔，不是很容易在狩獵時被小動物發現嗎？

別擔心！東北虎、豹身上的條紋、斑點屬於保護色，能幫助牠們更好地融入周圍的環境，而很多草食動物（鹿、狍子、野豬等）恰恰是「色盲」，僅憑視覺觀察，並不容易發現隱藏的獵手。

東北虎、豹現僅分布於中國的東北、俄羅斯的西伯利亞及朝鮮的部分地區。為了給野生動物創造良好的生存環境，以及自由遷徙的空間，中俄兩國展開了互通合作，在邊境建立了暢通的生態廊道。

保護色
頭部斑點小而密。

耳朵
耳背與東北虎一樣有塊顯著的白斑，但耳朵相對小一些。

保護色
身體上的斑點呈不規則的圓形或梅花狀，像古時的銅錢，所以俗稱「金錢豹」。

牙齒
犬齒十分鋒利。裂齒發達。

爪子
鋒利，帶鉤，伸縮自如。

東北豹
世界上繼華南虎之後最稀有的大型貓科動物，通常在夜間活動，領地意識強，也喜愛獨居，但有時領地可能和其他同類重疊。

「天」指北斗衛星系統，能夠對巡護人員、車輛、設備進行精準的定位與導航。

「空」指無人機監測系統。

「地」指綜合指揮管理平台對東北虎、豹等野生動物的監測，實現了監測到就能拍到（遠紅外相機），拍到了就能傳遞（地面接收車），監控平台就能實時看到（地面指揮中心）。

為了更好地監測與保護東北虎、豹，科研人員建立了一套完善的「天地空」一體化監測體系，設立核心保護區，嚴厲禁止偷獵、伐木，使東北虎、豹和其他野生動物的棲息地環境得到改善，逐漸恢復生態平衡。

衛星　無人機　遠紅外相機　地面接收車　地面指揮中心

海南熱帶雨林國家公園

海南熱帶雨林國家公園位於海南島中部，總面積約 4,269 平方公里，擁有中國分布最集中、保存最完好、連片面積最大的熱帶雨林，生物多樣性十分豐富，是海南最主要的生態屏障，也是世界熱帶雨林的重要組成部分。

坡壘
國家一級重點保護野生植物。

伯樂樹
中國特有的第三紀遺留下來的植物。

海南孔雀雉
中國海南的特有種，國家一級保護動物，數量非常稀少。

這些藤蔓為什麼會和其他的樹纏在一起呀？

這好像是原始森林中常見的一種植物絞殺現象。

沒錯，熱帶雨林的絞殺植物一般是榕樹。

緋胸鸚鵡
中國鸚鵡中野外數量最多，
較為常見的一種。

海南長臂猿
中國海南特有靈長類動物。

海南蘇鐵
中國海南的特有種。國家一級重點保護野生
植物。蘇鐵生長緩慢，壽命約為 200 年。在
中國南方的熱帶及亞熱帶南部，樹齡 10 年
以上的蘇鐵幾乎每年開花結果，而在北方，
蘇鐵有可能終生都不開花結果。

海南疣螈
中國海南特有兩棲動物。

海南山鷓鴣
中國海南特有種，常常成
對或四五隻一羣出現，僅
見於海南熱帶雨林中。

榕樹絞殺的真相
　　一些鳥兒或小型動物會吃榕樹的種子，雨
林植物密集，牠們很容易就把沒有消化的種子
通過糞便帶到其他植物上。這些種子能直接附
着在其他的植物上生長，並一點點向下纏繞、
攀爬，最終落地生根，與它所附的植物搶奪養
料與水分，使被絞殺的植物逐漸死亡。

林醒萬物生

喚醒雨林的長臂猿

清晨，天剛剛擦亮，沉睡的海南熱帶雨林就被一段口哨般的長鳴喚醒。這是一隻剛剛睡飽、渾身充滿活力的雄性海南長臂猿，在牠的帶領下，母猿與幼猿也很快會以「咯、咯」的短促啼鳴加入。美好的一天，即將在這場宣示領地的晨間大合唱中拉開序幕。

海南長臂猿是海南島真正的原住民，牠們在海南島「落戶」的時間至少有1萬年。

居然有這麼久！那雨林中的小動物豈不是1萬年沒睡過懶覺啦？

外形似猴，但沒有尾巴。

雖然你比我珍貴，但我比你可愛！

海南長臂猿被世界自然保護聯盟列為「全球最稀有的靈長類動物」，比大熊貓還珍貴。

幼猿的毛髮通體金黃，6個月左右時，無論雌雄，毛色都會逐漸變黑。

成年猿最明顯的特徵是頭頂的黑色「小帽」，其餘大部分毛髮為金黃，體背、胸前略有一些灰、棕色毛髮。

成年後的海南長臂猿，雌雄個體毛色相差很大，雄猿通體黑色，頭頂有一簇短而直的冠毛。

金裳鳳蝶

一種大型蝴蝶，翼展可達15厘米左右，喜歡滑翔飛行，速度較為緩慢，被列入CITES附錄II*。

花醒蝶翩躚

海南熱帶雨林國家公園植被種類豐富，多樣化的食物來源和優質的棲息環境，吸引了多達600種以上的蝶類在這裏繁衍生息。

*CITES是《瀕危野生動植物種國際貿易公約》的簡稱，也稱《華盛頓公約》。其中，附錄II為不一定面臨滅絕威脅的物種，但必須對其貿易加以控制。

呦呦鹿鳴 食野之苹

海南坡鹿是海南獨有的物種，也是我國17種鹿類中最為珍貴的一種。坡鹿的名字，源於牠們喜歡生活在矮小的丘陵和平坦的草坡附近，在海南方言中，「坡」就是「平地」的意思。坡鹿是羣居動物，常常一起在草坡周邊的小溪與田地中覓食。

坡鹿奔跑迅速，善於跳躍，一旦發現威脅，會立刻做出反應，疾馳狂奔而去。遇上數米高的喬木、灌木叢或是數米寬的河溝時，牠們也能一躍而過，因此在海南流傳着許多坡鹿會「飛」的傳說。

背部中央，由頸部至尾部有一條直直的黑褐色條紋，兩側點綴着白色花形斑點。

雌鹿沒有鹿角。

雄鹿頭頂有大大的鹿角，牠們通常會在離鹿羣稍遠一點的地方獨自覓食。

坡鹿的警覺性很高，視覺和聽覺都非常敏銳；每吃兩三口食物便抬起頭來四處張望，觀察周圍的動靜。

金斑喙鳳蝶
目前中國唯一的蝶類國家一級保護動物。

由於人為破壞生態環境，與惡劣的捕殺行為，坡鹿曾面臨着滅絕的威脅，數量最少的時候，整個海南島只有幾十隻。後來，保護工作者通過救助、繁育、野放等措施，才令坡鹿的數量逐漸增長，恢復穩定。

加油啊！珍貴的小坡鹿們！

39

三月三 鬧春光

在海南熱帶雨林國家公園中有一座景色秀麗的黎母山，這裏不單是熱帶生物資源富集的生態福地，更是一支古老民族——黎族的文化發源地。黎族人是海南最早的居民，至今仍然保有獨具民族特色的語言、文化與習俗。「三月三節」就是黎族人最盛大的民間傳統節日，人們借此懷念勤勞勇敢的祖先，表達對幸福生活的嚮往。

繽紛黎錦襯春光

每年的農曆三月初三，黎族人都會穿上花樣繁複的黎錦服飾，帶上山蘭米酒和竹筒香飯、糭子等美食歡聚一堂，對歌跳舞，慶賀節日與美好春光。

黎錦有紡、織、染、繡四大工藝，純天然的植物染料令黎錦色彩鮮豔，不易褪色。

竹筒香飯

山蘭米酒

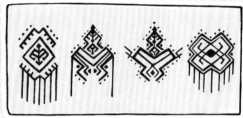

繡樣

糭子

腰織機

織錦時，需要伸直雙腿坐在草席上，將腰織機一端固定於腰部，一端用雙腳抵住。

藤籮

黎族的女子個個都是刺繡能手，她們常會隨身攜帶一個小藤籮，裏面盛着各種刺繡工具與材料，一有空就拿出來繡一繡。除了日常用品，她們還會為自己繡製嫁衣。

舌尖上的長桌宴

長桌宴是黎族宴席中的最高形式,展現了最隆重的禮儀,一般用來招待尊貴的客人或慶祝節日。三月初三這天,黎族人會在村寨中擺起長桌宴,他們用綠油油的芭蕉葉做桌布,用竹製的餐具盛放美食,不僅令人大飽口福,更能享受一場視覺盛宴。

我好像眼花了!他們怎麼用鼻子吹簫?

這是一種獨具黎族特色的氣鳴樂器——鼻簫,就是用鼻子來演奏的。

山蘭米酒

在長桌宴上喝山蘭米酒十分有趣,人們不用酒杯盛酒,而是把長竹管插入酒壺,大家輪流吸着喝。

竹筒飯

精米裝在竹筒裏,用木炭烤製。

三色飯

用山蘭米、三角楓、紅藍藤葉、黃薑等天然植物色素染色製作而成。

「五腳豬」

這道菜的名字與它的主要食材名字一樣,這種豬吃東西時喜歡把嘴貼着地,邊拱土邊吃,從後面看就好像有五隻腳,於是得名五腳豬。

「魚茶」

一種將熟稻米與鮮魚肉等食材封入瓶中,發酵而成的配菜,聞起來酸酸臭臭,吃起來卻別有一番滋味。

竹竿舞

黎族的祖先為了捕捉獵物,通過跳竹竿訓練跑、跳和反應能力,後來逐漸演變成了現在的竹竿舞。

船型屋

黎族人為紀念渡海而來的祖先而設計建造的,是黎族最古老的民居。船型屋以茅草為蓋,竹木為架,外形酷似船篷。這種建築形式有利於抵禦颱風,架空的結構也有防濕、防瘴、防雨等作用。

武夷山國家公園

武夷山國家公園位於閩贛交界（閩粵音：吻，福建省簡稱。贛粵音：禁，江西省簡稱），武夷山脈北段，總面積約 1,280 平方公里（福建區域約 1,001 平方公里，江西區域約 279 平方公里）。園區內地貌複雜，生態環境類型多樣，為野生動植物提供了理想的棲息與繁衍場所。

有敵情！

哪裏？哪裏有敵情？不管了，我先競走撤離！

白頸長尾雉
中國特產的鳥類，生性膽怯機警，列入《中國國家重點保護野生動物名錄》一級。

黃腹角雉
中國特產的鳥類，善於奔走，不到萬不得已不起飛。

掛墩鴉雀
又名短尾鴉雀，是全球性易危鳥種。

崇安髭蟾 (髭粵音：支)
「髭」的意思是嘴上邊的鬍子，崇安髭蟾平時體色棕紅帶紫，身上長有黑色細斑，但是到了繁殖季節，雄性的上嘴唇會長出用於求偶的小黑刺，遠遠看去就像是尖尖的鬍子，因此得名。

陽彩臂金龜
中國特有種，曾在 1982 年被宣布滅絕，後來在福建、廣西等地又被陸續發現，數量稀少，目前被列入《中國國家重點保護野生動物名錄》二級。陽彩臂金龜的一大特點是長着一對比自己身體還要長的前足。

御茶園
元代皇家御茶園的遺址。

崇安地蜥
中國特有爬行動物。

金斑喙鳳蝶
中國唯一的蝶類國家一級保護動物，位居世界八大名貴蝴蝶之首，被稱為「蝶中皇后」。

南方鐵杉
中國特有樹種。

黑麂
黑麂還有「蓬頭麂」的俗稱，因為牠的頭頂長有一簇棕褐或淡黃的長毛，有時會把兩隻短角遮得看不出來，看起來蓬頭垢面。

赤麂（粵音：紀）
麂類中體形最大的一種。

險峻的地勢也難不倒我！

武夷湍蛙
中國特有兩棲動物。

鬣羚（鬣粵音：獵）
鬣羚的脖子有鬣毛，似馬而非馬。鬣羚善於攀登和跳躍，在陡峭的崖壁間也能行動自如。

白天太陽好大，晚上再行動。

掛墩後棱蛇
半水棲蛇類，習慣夜間活動，白天潛於山洞或溪流的水底石縫中。

43

岩骨花香通茶道

中國的茶文化悠久而深厚，各地名茶眾多，獨到之處也各有不同，但在這場爭奇鬥豔的名茶角逐之中，有一個名字永遠不會缺席——武夷岩茶。從古至今，產自武夷山的名茶數不勝數，它們是文人墨客筆下的常客，受到過皇帝的青睞，更是享譽全世界的茶中精品。

年年春自東南來，
建溪先暖冰微開。
溪邊奇銘冠天下，
武夷仙人從古栽。

范仲淹

在武夷山一處茶園的岩壁上，刻有北宋政治家、文學家范仲淹為武夷岩茶的題詩，詩中讚美岩茶是仙人的傑作。

茶道　乾隆皇帝

就中武夷品最佳，
氣味清和兼骨鯁。
（節選）

清朝的乾隆皇帝曾在一次深夜批閱奏章後，品嘗武夷地方進貢而來的岩茶，被它清和的香氣與深厚的回味所吸引，當即作了一首《冬夜煎茶》以評價岩茶極佳的品質。

上者生爛石

茶聖陸羽曾在《茶經》中寫道：「上者生爛石，中者生礫壤，下者生黃土。」武夷山境內為典型的丹霞地貌，由風化岩殘土經年累月堆積形成深厚土層，為茶樹造就了得天獨厚的生長環境。武夷岩茶，便是這生於爛石之中當之無愧的「上者」。

大紅袍是武夷岩茶中最有名的一個品種，有「岩茶之王」的美稱。它的香氣清雅芬芳，回味醇厚深沉，蘊含着一種岩骨花香的韻味。想要培育出獨具「岩韻」品質的大紅袍並不容易，天時、地利、人和，缺一不可。

武夷山國家公園境內是烏龍茶與紅茶的發源地。

大紅袍是介於綠茶和紅茶之間的一種半發酵茶，屬於青茶。它與紅茶一樣溫和，不會刺激腸胃，又同時保有綠茶的清香。

人和

武夷岩茶每年只採春茶，茶農會在穀雨前後密切關注天氣變化，確定不同品種的採摘時間，並且清晨不採、有露水不採、陰雨天不採、午時不採、傍晚不採，以保證岩茶的最佳品質。岩茶的製茶工序也有十幾道，是所有茶類中工序最多、最複雜的。

天時

武夷山溫潤多雲的氣候，是培養優質茶樹的催化劑。

地利

盆栽式栽種是武夷岩茶的一大特點，人們利用山崖的陡峭地形，就地取材，用石塊砌成一層層階梯狀的石槽，然後填土種茶。這種栽種方式有利於排水，避免山地間的流水沖刷。

萬里茶道

小小的一片茶葉背後，究竟蘊含着多大的力量呢？這個問題或許需要一位商人來為你解答。1755年，在武夷山的下梅村發生了一件令當地人百思不得其解的事，一個名叫常萬達的山西商人，竟然斥鉅資買下了下梅村附近所有的荒山。然而，正是因為這個看似荒唐的舉動，最終成就了一條在中國歷史上極為重要的國際貿易商道——萬里茶道。

常萬達早年在中俄邊境做生意，深知俄國人對中國茶的熱愛，但當時的外貿條約規定，中俄貿易只能在邊境重鎮恰克圖展開，茶葉想從中國南方運輸到遙遠的北方十分艱難。

山有了，水有了，待山間栽滿茶樹，財富也就有了。

常萬達

萬里茶道全圖

恰克圖　內蒙古　河北　山西　河南　湖北　江西　下梅村

當溪是一條穿過下梅村的水道，同時它還連通着武夷山通往外界的重要水路梅溪，對商機有敏銳嗅覺的常萬達正是看中了這裏絕佳的地理位置，最終促成了一條集種植、採摘、製茶、採購、運輸、外銷於一體的岩茶貿易鏈。

下梅村茶市

後來，下梅村果然成了閩北地區最大的茶市，每天清晨，天都還沒有大亮，就有300多艘竹筏相繼而來，它們即將滿載「寶藏」，以下梅村為起點，將武夷岩茶的盛名傳向世界。

為了防止茶葉在運輸途中因為水分的蒸發而減輕重量，誠實的晉商（晉，山西省簡稱）會在包裝時多加四兩，這樣即使到了恰克圖或俄國當地，茶葉仍然是足兩的。

山水間的中國哲學

　　1999 年，武夷山被聯合國教科文組織列入世界文化與自然雙重遺產，除了秀麗的自然風光，武夷山本身也是中國著名的歷史文化名山。歷朝歷代的學者文人，都為武夷山留下了無比珍貴的文化遺存與思想理論。其中，以朱熹的理學思想最為著名。

與孔子齊名的朱熹

中國曾有著名學者這樣評價朱熹和他的理學思想：「東周出孔丘，南宋有朱熹，中國古文化，泰山與武夷。」與孔子齊名的朱熹，是中國南宋著名的理學家、教育家、詩人。他總結前人理論，將中國的理學思想推到了鼎盛高度。

程朱理學

　　理學即義理之學，是以研究儒家經典的義理為宗旨的學說。程朱理學由北宋的程顥與程頤兩兄弟開創。南宋時，朱熹以程氏兄弟的思想為基礎，總結前人理論，建立了龐大的理學體系。他的思想在元、明、清三代曾被尊奉為官學。

天下之物，莫不有理。

朱熹

朱熹的理學思想對中國後世的政治、文化、思想都產生了一定的影響，甚至還傳播到了海外，受到了世界的關注。

從武夷山誕生的哲思

13歲時，朱熹來到了武夷山，他在這片秀麗的山水之間潛心苦讀，於4年後考取了功名，開始了他「修齊治平」的仕途生涯。

修身 齊家 治國 平天下

「修齊治平」指的是提高自身修為，管理好家庭，治理好國家，安撫天下百姓蒼生的抱負。

心灰意冷

出任官職

辭官回武夷

鬥志昂揚

武夷山現存朱熹摩崖題刻13處，是武夷山文化遺產的一部分。

不過，朱熹的仕途並不順利，他和當時南宋貪婪、混亂的官場風氣格格不入，總是一次次地辭官回到武夷山，又一次次地為了理想抱負而出山。

逝者如斯

逝者如斯啊……光陰就像眼前的流水，奔流向前，永不停留。

官場上的坎坷，讓朱熹每次回到武夷山都更加珍惜這片啟迪了他的哲思的地方，他認為自然、山水、天地之間都蘊含着大道理。

後來，朱熹將理學思想發揚光大，並於53歲在武夷山五曲大隱屏峯下建立了武夷精舍，親自授課講學，推廣儒學教育，武夷山也成了中國理學的發源地和重要傳播地。

求學的人絡繹不絕

武夷精舍是朱熹著書立說、倡道講學之所。後來清朝的康熙皇帝因欣賞朱子理學，於是賜下「學達性天」的匾額，懸掛在武夷精舍的門前。

祁連山國家公園 _{體制試點}

祁連山國家公園位於青藏高原東北部，總面積 50,200 平方公里，分為甘肅片區與青海片區。受海拔與氣候的影響，祁連山盛夏七八月的溫度也十分清爽怡人，運氣好的話，甚至還能領略到夏日飄雪的神奇景象。

藏雪雞
棲息於高海拔地區的雉雞類。

嘿嘿，午飯有着落了。

白肩雕
又名御雕，是一種珍稀猛禽。

藍馬雞
中國西北地方的特產珍禽。

雪豹
雪豹的毛色令牠在冰天雪地中更容易隱藏自己。

白唇鹿
隨着祁連山生態環境的恢復和野生動植物保護力度的加大，白唇鹿的棲息地環境得到了明顯改善。2020 年，曾有攝影師在祁連山國家公園境內，拍攝到約 200 頭白唇鹿成羣覓食的畫面。

隋朝：隋煬帝的萬國博覽會

公元 609 年，隋煬帝為了安定西部邊陲，彰顯隋朝的強盛與威儀，在河西走廊的焉支山下舉辦了一場盛況空前的「萬國博覽會」。西域 20 多個國家的首領和代表紛紛來朝，為了尋求隋朝的庇護，很多國家除了奇珍異寶，還獻上了版圖。曾經因為戰亂而中斷的絲路貿易，也在這次大會之後得到了恢復。

能來這裏的人，以後都是朋友。

隋煬帝

世道雖然不安穩，可學問不能不做。

魏晉時期：中原文化的避難西遷

魏晉時期的中原地區，一度因為諸多勢力爭權導致戰火紛飛，而河西走廊由於地處偏僻，資源匱乏，對爭權者來說無利可圖，反而成了安全的地方。大批儒家學者為了躲避戰亂西遷到這裏，令當時河西地區的學術文化空前繁榮。

西遷的學者們開闢了馬蹄寺石窟，作為當時的讀書場所。後來，一些僧侶在這裏塑造佛像，這裏逐漸成了佛教聖地。

千年河西 步履不息

張騫

漢武帝

中原文化的避難西遷，令許多珍貴的史書、典籍得以留存。

兩千多年前，張騫拜別漢武帝，踏上了向西尋找軍事同盟共同抗擊匈奴的道路。那時的他還不知道，這條因戰爭而起的探索之路，最終卻成了一條令西漢連通世界的國際貿易要道——絲綢之路。原本荒涼貧瘠的河西走廊，也因此在中國的歷史上大放異彩，此後的許多朝代都曾沿着張騫走過的道路，在河西的土地上書寫下了屬於自己的文明史詩。

③ 唐朝：盛世的縮影莫高窟

全盛時期的唐朝，經濟文化高度繁榮，位於敦煌的莫高窟雖然遠在河西地區，但也在此時進入了它的黃金時代。無數的僧侶、畫師、工匠在這裏傾力創作，為後世留下了無款精美的壁畫與彩塑作品，奠定了莫高窟在當今世界藝術寶庫中舉足輕重的地位。

④ 清朝：左宗棠抬棺出征

清朝末年，沙俄妄圖侵略中國新疆，還強勢出兵佔領伊犁，脅迫清朝派出的談判大臣簽訂不平等條約。這個消息一經傳回，就引得朝野上下一片嘩然，朝廷要求重新談判，並派出晚晴著名賢臣、民族英雄左宗棠率兵出征伊犁，如果談判不成功，就以武力收復伊犁。年事已高的左宗棠，在出征前就命人備好了棺木，表明了即便是身死也要收復伊犁的決心。最終，清朝與沙俄在 1881 年 2 月 24 日重新簽訂條約，收回了包括伊犁在內的一部分主權。

不成功便成仁！

左宗棠

⑤ 新中國 20 世紀 60 年代：一條鐵路通新疆

1952 年 10 月 1 日，蘭新鐵路在甘肅蘭州破土動工，並於 1962 年 12 月 9 日將鐵軌鋪至新疆烏魯木齊，成了當時內地與新疆交通往來的唯一鐵路線。這條沿河西走廊而修建的鐵路，令新疆豐富的物產與資源輸入內地變得更加便捷，大大促進了當時中國西部地區的經濟發展。

2013 年，中國提出與世界多國共建「一帶一路」的倡議，這是中國同世界共享機遇、共謀發展的陽光大道。時至今日，這條通向共同繁榮的機遇之路，已經取得了成就。這其中的「一帶」指的就是絲綢之路經濟帶，河西走廊作為絲綢之路上最為重要的一環，它的發展必然未來可期！

在 21 世紀，河西走廊又會有什麼新的奇遇呢？

河西走廊的漫漫歷史，一路走來太不容易了！

祁連山下的傳奇

在黃河以西，有這樣一條充滿了戰火、財富與傳奇的要道，它在兩條山脈的夾持之下，形成了一條像走廊一樣的通道，因此得名河西走廊。自古以來，河西走廊就是中原地區通往西域的唯一途徑，誰掌控了這裏，就等於掌控了一條擁有無盡財富的經濟命脈，河西走廊也因此註定了戰火紛飛的命運。

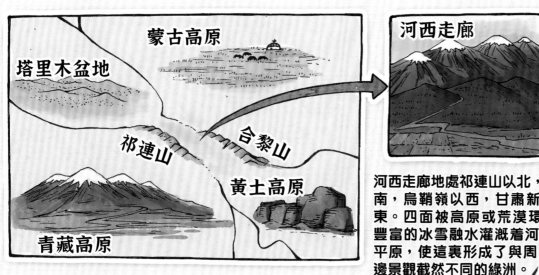

河西走廊地處祁連山以北，合黎山以南，烏鞘嶺以西，甘肅新疆邊界以東。四面被高原或荒漠環抱。豐富的冰雪融水灌溉着河西平原，使這裏形成了與周邊景觀截然不同的綠洲。

「鑿空西域」的使者

漢武帝時，盤踞在漢朝西北邊境的匈奴時常南下，侵擾百姓安危，是西漢的一大強敵。匈奴還佔據了原本居住在河西走廊的月氏人的土地，令他們被迫遷居。

月氏遷居時分了兩條路線，向西遷至西域的部族稱為大月氏，向東南遷至南山（今甘肅、青海一帶）的部族稱為小月氏。

為尋求共同抗擊匈奴的軍事同盟，張騫在公元前 139 年，奉漢武帝之命從長安出發，踏上了前往西域的漫漫長途。不幸的是，他剛邁進河西走廊，就被匈奴俘虜了，而且一待就是 9 年……後來，張騫抓住機會逃了出來。他橫穿大漠、翻越高原，終於找到了大月氏！但此時的大月氏已經在西域安居樂業，不想再捲進紛爭，便拒絕了張騫的請求。無奈的張騫只好離開。

可惜命運再次和張騫開了個玩笑，在回長安的路上，他又被匈奴俘虜了……當他再次逃離，趕回故土長安時，已經是公元前 126 年，距離他出發已經過了 13 年。

如果西漢和大月氏聯手，從東西兩個方向夾擊匈奴，一定能打敗他們！

卿，你再不回來，就要被劃為失蹤人口了。

陛下，我雖然沒有拉到幫手，但已對西域的風土人情瞭如指掌。如果我們能打通河西走廊，把生意做到全世界，漢朝一定會更加強！

此路是我開

張騫

漢武帝

年少驃騎與傳世良馬

在張騫的描述下，漢武帝被西域的種種事物深深吸引，一場宏圖偉業在他心裏悄然萌發……公元前 121 年，漢武帝派年僅 19 歲的霍去病出擊匈奴，這位智勇雙全的驃騎將軍，僅僅指揮兩次河西之戰，便震懾了匈奴，佔領了祁連山，令河西走廊納入了西漢的版圖，真正「鑿空」了西域。而這條由河西走廊所連接起來的，中國與中亞的著名貿易通道，就是我們現在熟知的陸上絲綢之路。

漢武帝

山丹軍馬場

在與匈奴的作戰中，霍去病意識到，匈奴的強悍與他們善於騎馬作戰有着莫大的關係。河西走廊獨特的地理環境令這裏水草豐美，戰馬在這樣的環境下成長，必然強健有力，善於奔跑。於是，霍去病建議漢武帝在河西走廊屯兵養馬，為西漢培養馬背上的實力。

山丹軍馬場便是由霍去病在河西走廊始創的最大馬場。此後，很多朝代也都沿襲西漢的策略，在山丹為國家培養優良的軍馬。

山丹馬

山丹馬是本土馬與引進的西域良馬雜交培育出的馬種，身形高大，奔跑速度快，還很好飼養，是中國少有的既能軍用作戰，也能作為民用交通工具的優良品種。

如今，軍事科技已經十分發達，人們早已不再依靠馬兒作為主要的軍事力量。但山丹軍馬場卻仍然在祁連山下欣欣向榮，滋養着眾多野生動物與家畜。

多虧了霍將軍！我們才有幸能在兩千多年後的今天，見到這些山丹馬！

霍將軍太偉大啦！

53

神農架國家公園 體制試點

神農架國家公園位於湖北省西北部，總面積 1,170 平方公里，保存了地球同緯度地帶唯一完好的北亞熱帶原始森林生態系統，是全球生物多樣性王國、世界地史變遷博物館、第四紀冰川時期野生動植物的避難所和眾多古老物種、珍稀瀕危、特有生物的棲息地。

金猴嶺

板壁岩

神農谷

川金絲猴
中國特有的珍稀靈長類動物。

獼猴
東亞地區最常見的猴類。

巴山冷杉
中國特有樹種。

杜鵑花海
杜鵑花又名映山紅。中國是杜鵑花分布最多的國家。每年 5 月，神農架漫山遍野的杜鵑花，形成花的海洋，素有「天然花海」的美譽。

金雕
北半球一種廣為人知的猛禽。

白熊
亞洲黑熊的白化種。

大九湖

白化動物活動區

東方白鸛
機警、膽怯，發現入侵者時，上下嘴會快速張合，發出「嗒嗒」的示警聲。

黑鸛
全球遷徙性大型涉禽（有着長長的腳的水鳥），是白俄羅斯的國鳥。

白蛇
蛇的白化種。

54

燕子埡

神農架林區

短嘴金絲燕
小型鳥類，用唾液混合苔蘚等，
在岩壁上築巢。

珙桐（珙粵音：拱）
第三紀遺留下來的植物，植物界的
「活化石」。因花形像白鴿展翅，
又稱鴿子樹。

紅坪畫廊

神農壇

香溪源

神農香菊
香味獨特，藥用價值豐富。

官門山

神龍洞

白金絲猴
金絲猴的白化種。

叢林深處的金色魅影

川金絲猴是中國特有的珍稀物種，僅分布於中國四川、甘肅、陝西和湖北。神農架國家公園中擁有大面積的原始森林，氣候獨特，植被豐富，是川金絲猴在湖北的主要棲息地。

面孔呈淡藍色。

成年公猴的嘴角有突起的瘤狀構造。

沒有鼻樑骨，鼻子上翹。川金絲猴也因此被稱為仰鼻猴。

金色的毛髮，柔軟光亮。

尾巴幾乎與身體等長。

川金絲猴的生活圈——家庭單元

川金絲猴是典型的重層社會結構，一個群體由多個家庭單元（一雄多雌單元）和全雄單元組成。在家庭單元中，通常由一隻最強壯、最勇敢的成年公猴擔任家長，其餘成員都是母猴和幼猴。家長擁有發號施令的權力，同時也肩負着保護家庭成員的重要職責。

阿姨行為與異親哺乳

同一家庭單元的母猴之間通常會相互幫助，嬰猴會被阿姨、姐姐等雌性共同照顧，稱作阿姨行為。如果某隻嬰猴的母親死亡，其他處於哺乳期的母猴便會擔起哺育這隻嬰猴的責任，稱作異親哺乳。這些行為能提高嬰猴的存活率，保證小傢伙們在嚴冬來臨之時擁有健康的身體，順利越冬。

警告！警告！下方出現一隻豹貓！婦女兒童馬上回家！公猴立刻集合，全力趕走這個壞傢伙！

葉　花　果

昆蟲

鳥蛋

川金絲猴是葉食動物，主要食用植物的葉、花、果，也會吃樹皮和附生在樹上的地衣，偶爾還會吃些小昆蟲和鳥蛋。

在家庭單元外圍活動的，來自全雄單元的公猴「警衛員」。

川金絲猴的胃裏有個特別的隔室，其中的一些細菌，能破壞一般哺乳動物無法消化的植物組織，所以川金絲猴可以吃一些難消化的食物，甚至有些毒性的食物。

豹貓、狼、豺、雕、鷹等都是川金絲猴的天敵。

太厲害啦！

川金絲猴的生活圈——全雄單元

顧名思義，全雄單元中的成員全都是公猴，包括曾經擔任過家長的老年公猴、成年公猴，以及滿3歲被趕出家庭單元的小公猴等。有時，全雄單元也會接納外來的孤猴，這些外來者往往由於體弱、患病或爭奪家長之位落敗，被原有的家庭驅逐，不得不獨自流浪，直到遇見其他願意接納牠們的猴羣。

> 全雄單元中的公猴看似身份低微，實際上牠們是肩負着保衛整個羣體的重任。這些公猴通常在遠離家庭單元的猴羣外圍活動，負責放哨和警戒，一旦發現威脅，就會及時向猴羣發信號。必要時，還會集體出動與入侵者大戰一場。

公猴互助會

> 孩子別哭，這是每一隻公猴的成長必修課，歷代家長都是從我們全雄單元誕生的。不斷磨練自己，你也有機會成為家長！

> 嗚嗚……我被爸媽趕出來了……

> 我曾經也和你一樣瘦小，但幾年的苦練讓我今非昔比！最近我就準備去挑戰家長了！

強壯的成年公猴

老年公猴　　年滿3歲的小公猴

> 小猴子，你好大的口氣！那就看看我倆誰的拳頭更硬吧！

> 老大，對不住了！家長之位，我勢在必得！

> 家長爭奪戰總是打得十分激烈，年輕的公猴想要戰勝身經百戰的家長可不容易，傷痕累累事小，如果落敗後還被驅逐出族羣才是大事。落單的猴子獨自在森林裏生存，無論覓食還是對抗天敵都非常艱難。

> 雖然老爸很可怕，但我們全雄單元裏的大哥哥也不差！我有變強的動力了！

遙遠的近親

據現有資料考證，金絲猴的祖先最早生活在青藏高原，數百萬年的進化與演變，令牠們分化出不同的種類，種羣也分散到不同地區。包括川金絲猴在內，目前發現的金絲猴共有5種，全部屬於瀕危物種，極為珍貴，保護意義重大。

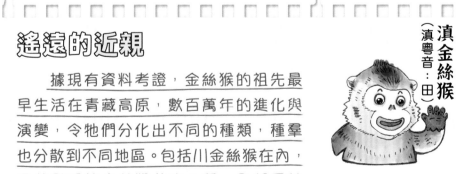

滇金絲猴（滇粵音：田）
分布於中國西南部的雲嶺山脈。

黔金絲猴（黔粵音：鉗）
僅見於中國貴州梵淨山。

越南金絲猴
僅分布於越南北部宣光省和北太省之間石灰岩山地。

怒江金絲猴
分布於中國怒江地區和緬甸克欽州東北部。

十億年的贈禮

早在 2013 年，神農架就憑藉古老、豐富的地質遺跡和極高的地質學研究價值，加入了世界地質公園的大家庭。無論山嶽奇觀、岩溶地貌還是古冰川的侵蝕遺跡，十幾億年來漫長且複雜的地質演變，都令神農架在全球的地質變遷發展史上留下了濃墨重彩的華章。

從汪洋大海到表裏山河

距今約 16 億年至 10 億年

神農架原本是一片沉睡在大海裏的厚厚岩層，名為「神農架群」。

距今約 10 億年至 8 億年

「晉寧造山運動」令神農架從海底蘇醒，逐漸上升成為陸地。

距今約 8 億年

冰河時期到來，神農架被厚厚的冰雪覆蓋。

距今約 2 億 5,000 萬年至 6,500 萬年

「燕山造山運動」令這裏形成了一個以神農頂為中心的斷穹構造（形似一口倒扣的鐵鍋）。

距今約 260 萬年至今天

地形持續抬升，加劇了岩石的風化剝蝕、水流沖刷、溶蝕等外力作用，令神農架形成了 V 形河谷、地下暗河、溶洞等類型豐富的地質遺跡。

原來這些 V 形山谷就是這樣形成的。太神奇了！

不僅如此，複雜的地質運動也讓神農架擁有了許多巨大的高山呢！

沒錯，在神農架海拔 2,500 米以上的山峯就有 20 多座。而海拔最高的神農頂更是高約 3,106 米。正因如此，神農架才有「華中屋脊」之稱！

時間的「魔法」不止造就了神農架的高山，還造就了許多值得人們認識與探究的地質奇觀。

板壁岩石芽羣

中等到較大的降雨量，為「刻刀」增強衝擊力。

大氣中的二氧化碳、二氧化硫等酸性氣體，往往會令雨水也呈弱酸性，這樣的雨水順着由碳酸鹽岩為主構成的岩石的縫隙滲透、流淌，逐漸將縫隙「雕刻」得又寬又深，形成石骨嶙峋的喀斯特地貌。

峽谷的鋒芒——喀斯特地貌

　　喀斯特地貌也叫岩溶地貌，無論是山谷中怪石嶙峋的峯林，還是山腹裏千奇百怪的溶洞，都屬於喀斯特地貌。那麼，這些看上去尖銳的岩石是如何形成的呢？簡單形容的話，它們都是大自然以流水作為刻刀，經年累月雕刻而成的岩雕作品（具有溶蝕力的水，溶蝕可溶性岩石所形成的地表和地下形態）。

雨水除了溶蝕地面上的岩石，還會沿着地下裂縫向地底滲透。

當雨水沿着地下裂縫流動時，又會通過溶蝕作用令裂縫變得又寬又深，形成洞穴系統或地下河道。

溶洞

　　降水量少的時候，洞穴中的水就會通過地下河流走，顯露出被地下水長期溶蝕所形成的岩溶洞穴，也就是溶洞。

鐘乳石

　　造型千奇百怪的鐘乳石是溶洞中的常駐成員。當含有二氧化碳的水，與富含碳酸鈣的石灰岩相遇時，會產生一系列的化學反應，最終形成一種碳酸鈣與其他礦物質的沉積物。洞頂的沉積物由於常年隨着流水滴落的方向堆積，所以會形成懸掛在洞頂的鐘乳石；而洞底的沉積物則相反，是由下而上堆積起來的，所以往往形成的是圓墩墩的石筍。

石瀑

石筍

石珊瑚

石柱

神農架文化探幽

每當提起神農架，人們腦海裏總會浮現出「神秘」、「野人」傳說、白化動物之謎、山洞裏的「潮汐」……這些發生在神農架古老原始森林中的神秘現象，雖然仍然是未解之謎，但它們恰恰是大自然留給我們的有趣課題，正靜靜等候着充滿好奇心、熱愛科普的你，在未來用科學的力量去探索答案。

「野人」傳說

在很長一段時間裏，神農架都流傳着「野人」出沒的傳說，吸引了國內外無數的探險家前來探究。但這種「民間有傳說，史書有記載，考察有發現」的未知生物，卻始終保持着神秘，從沒向世人展露過真面目。

探險家曾在神農架發現疑似「野人」留下的糞便和毛髮。

白化動物之謎

白色的動物是神農架又一未解之謎。有些動物的皮毛或體色天生並不是白色，但偶爾會因為基因的缺失，繁育出白色的後代，這就屬於動物的白化現象。在自然環境下出生的白化動物，常常體弱多病，顯眼的體色也令牠們更容易受到天敵攻擊，所以很難存活。但科學家在神農架卻發現了很多白化動物，無論種類還是數量都令世界震驚。

山洞裏的「潮汐」

潮汐通常特指海潮，是一種由於月球和太陽的引力而產生的水位定期漲落現象。但無奇不有的神農架總能為人們帶來驚喜，在它的山洞中有一條潮水河，人們發現這裏的河水也擁有「潮汐」現象。

漲潮前

漲潮後

除了神秘、有趣的未解之謎，神農架悠久的歷史文化與獨特的地方傳統，也賦予了這片土地深厚的文化底蘊。

神農百草園

相傳在遠古時期，五穀與雜草同生，藥物與百花同長，哪些植物可以作為糧食，哪些可以入藥，誰也分不清，使百姓飽受饑餓與疾病之苦。這時，一位部落首領神農氏站了出來，他架木為梯，登上高山，立志嘗遍百草，最終不僅辨別出了糧食，還教會了百姓種植五穀，找出了治病的草藥。後人為了紀念神農氏的功勞，便把他曾經嘗百草的這片大山稱為「神農架」*。

> * 神農嘗百草的實際地點尚存在爭議，不同地域、不同文獻、不同傳說，結論各有不同。本文僅為陳述在神農架地區流傳的有關「神農架」名字由來的傳說。

神農架遍地皆藥，種類多達上千種，所以又被稱為「百草園」。這裏的百姓也人人懂藥、人人採藥，他們還根據這些草藥的外觀和形態，為它們取了許多有趣的名字。

哇！好苦！

七葉一枝花（蚤休）

江邊一碗水（鬼臼）

文王一支筆（蛇菰）

頭頂一顆珠（延齡草）

飛鼠鋒利的指爪，對採藥人本身和繩子都是威脅。

神農飛鼠

一種棲息在懸崖、樹冠等高處的小型動物，前後肢間長有飛膜，幫助牠從高處躍起，借助展開的飛膜在空中滑翔。

竹筒能起到保護繩子的作用，減少岩石對繩子的磨損。

崖壁採藥人

在神農架採藥是高難度工作。有些珍貴的藥草恰好長在懸崖峭壁，採藥人不僅要應對險要的地勢，還要時刻提防突然出現影響他們採藥的小動物。現在，這些植物大多是國家重點保護，未經許可採摘是違法的。

嘻嘻！嚇一跳吧！

金釵

金釵是民間對石斛屬藥草的統稱，因外形酷似古代女子頭上戴的髮釵而得名。

普達措國家公園

普達措國家公園總面積約 1,313 平方公里，位於滇西北「三江並流」世界自然遺產中心地帶，以碧塔海、屬都湖、彌里塘亞高山牧場為主要組成部分。

麗江雲杉
中國特有樹種。

犛牛
以中國青藏高原為起源地的特產家畜。

「舉白旗」無效！我已經鎖定你了！

猞猁 （粵音：卸利）
外形似貓，但比貓大很多，耳尖具黑色簇毛。

毛冠鹿
生性膽小，因額頭上有一簇馬蹄形的黑色長毛而得名。毛冠鹿受到驚嚇逃跑時，會翹起尾巴露出內側的白色毛髮，反而會因此暴露自己。

猞猁好可怕，我要再挖幾個地洞藏身……

藏鼠兔
藏鼠兔行動靈敏，善於挖掘有多個出口的複雜洞穴系統，以便在遇到危險時，迅速躲進最近的洞裏。

水毛茛 （粵音：斤）
也叫「梅花藻」，雖然生長在水下，卻會將可愛的小白花開到水面之上。

草原馬

高山牧場的牧民飼養了許多馬，這些馬兒也成了草原上的一道風景。

櫟樹

香格里拉地區常見的闊葉樹種。

杜鵑花海

杜鵑花種類繁多，是中國十大傳統名花之一，每年5月上旬至6月中旬是杜鵑花的盛花期，也是去普達措國家公園賞花的最佳時期。

杜鵑花雖美，但千萬不能吃！它的花瓣中含有微量的神經毒素，那些浮在水面的魚兒就是貪嘴中毒了。這裏的魚兒由於經常誤食落在水中的杜鵑花瓣，所以總是暈乎乎的浮在水面，就像喝醉了似的，人們便給這幅景象取了個「杜鵑醉魚」的名字。

讓我也來嚐嚐！

白鷺

濕地涉禽。身上有一種特殊的羽毛，稱為「粉翖（粵音：染）」，能夠不停地生長，末端不斷地破碎成粉末狀，像滑石粉一樣把身上的污物帶走。

中甸葉須魚

中國雲南高原特有種，喜歡棲息於湖水的底層，是第四紀冰川時期遺留下來的古老物種，擁有三層嘴唇。

都是貪吃惹的禍！

那些魚兒好像很喜歡吃杜鵑花瓣呀！

血雉

主要分布於中國的雉雞類，因身體上的部分緋紅色而得名。

嵩草

香格里拉地區草甸的主要構成植物。

半湖青山半湖水

「三江並流」指的是發源於青藏高原的金沙江、瀾滄江和怒江，在雲南省境內自北向南並行奔流170多公里的區域。它以得天獨厚的地理環境與氣候特徵，賦予了流域內動植物生生不息的活力，令這裏堪稱世界級物種基因庫，而普達措生命繁榮的秘密，恰恰藏在這「三江並流」的山水之間。

高原上的明珠碧塔海

普達措國家公園位於「三江並流」區域的腹地，而碧塔海是其中一片被羣山與古樹環抱的高原湖泊。在這裏，森林與湖泊就好像一對相互幫助的伙伴，共同構成了一片發育完好的濕地生態系統。

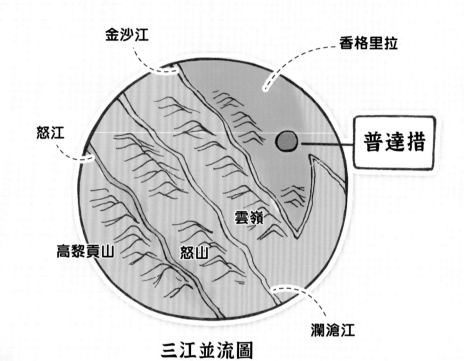

金沙江　香格里拉

怒江

雲嶺

高黎貢山　怒山

普達措

瀾滄江

三江並流圖

雲南省的外形好像一隻大孔雀呀！

哇！真的很像呢！這麼說來，香格里拉就像孔雀的尾羽！普達措就是尾羽上美麗的「眼睛」！

小朋友的想像力真豐富……

森林之下

雲冷杉林是普達措分布最廣的森林，它們隨着山勢的變化綿延不絕，成為涵養濕地水源的主力。濕地之中，成片的野生菌欣欣向榮，它們從泥下破土而出，在森林裏撐起了一把把可愛的小傘。

雲芝

羊肚菌

牛肝菌

猴頭菇

松茸

森林中的河流濕地

森林中的沼澤濕地

湖泊之上

普達措位於候鳥的遷徙路線上，這裏優質的濕地生態系統，令很多水生植物長勢良好，為黑頸鶴等高原鳥類提供了天然舒適的越冬棲息地。

黑頸鶴

梅花藻羣落

杉葉藻羣落

一方水土一方人

俗語有言，一方水土養一方人。在「三江並流」穿行而過的土地上，山嶺、河谷、盆地、草原在這裏相得益彰，而生活在這裏的各族人民，也依靠着勤勞智慧，以獨具民族特色的生活方式，在這片生境多樣的山水之間繁衍生息。

適應自然的生活方式

「三江並流」流經的大部分區域都屬於橫斷山脈的範圍。這裏有些地方溝壑縱橫、地形崎嶇，原本不適合居住與農作。但生活在這裏的納西族、彝族等民族，因地制宜，建立了一套適應地理環境的梯田農耕方式。

山有多高，水有多高，梯田就有多高。這些梯田將原本貧瘠的土地變成了富饒的糧倉。

這裏的人們崇敬自然、了解自然，創造出了針對不同自然環境、種植不同農作物的合理耕種方式。

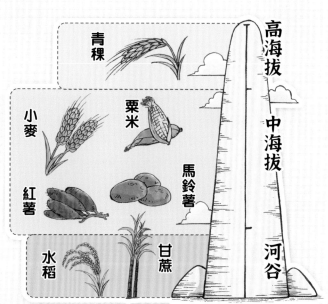

青稞

小麥　粟米　馬鈴薯

紅薯

水稻　甘蔗

高海拔　中海拔　河谷

怒江流域羣山陡峭，居住在這裏的傈僳族、怒族等民族，就用很多木頭柱子將房屋支撐在斜坡上，遠遠看去就像房子長了很多「腳」，所以這種建築被稱為「千腳落地房」。

藏族碉樓原本是古時候人們用石頭建造的，具有軍事防禦功能，現在已經演變為一種功能性非常強的民居。頂層可納涼、瞭望；三層堆放糧食、家具等；二層用於居住會客；一層圈養牲畜、堆放柴草等。

水磨坊是普米族、怒族等民族，利用峽谷水流的自然優勢，創造出一種用於糧食加工的建築。水流不停流淌，驅動水磨坊下層的輪盤。輪盤又連接着水磨坊上層的石磨，從而帶動石磨轉動，碾碎糧食。

親近自然的高原風俗

香格里拉分布着很多天然草場，居住在這裏的藏族人從小就會騎馬、牧馬。為了表達對馬的喜愛，他們每年都會在農曆五月初五，舉辦一場為期三天的賽馬節。

糌粑盒（糌粵音：簪）是盛放糌粑的器具，外形像圓塔，是香格里拉傳統的民間工藝品。

酥油茶

糌粑

青稞酒

農曆五月初五是中國很多地方慶祝端午節的日子，而在香格里拉，藏族人會在這一天相聚到五鳳山下，搭起帳篷，備好糌粑、酥油茶、青稞酒等，一邊喝茶品酒，一邊為賽馬健兒們加油助威，共同歡慶熱鬧的賽馬節。

賽馬節期間，人們常常圍成圓圈，即興踏歌，跳起獨具民族風情的弦子舞。

弦子，是弦子舞的主要演奏樂器。

馬上疊羅漢

馬上拾哈達 *

* 藏族作為禮儀用的絲織品。

馬背倒立

愛馬也許是藏族人的「天性」，除了賽馬節，他們放牧、遠行、結婚時都會騎上自己心愛的馬。馬是藏族人親密的伙伴，是他們生活中不可缺少的一部分。

真精彩！我也躍躍欲試了！

賽馬節競技項目眾多，有馬術、射箭、射弩等等。人們在飛奔的駿馬上表演着各種高難度動作，酣暢淋漓地展示着高原民族對馬兒的熱愛。

藏族人真的很喜歡馬呀！

森林塔吊

森林中怎麼會出現用於建造高樓的塔吊？別擔心！這個有着長長臂展的大個子，其實是科學家監測 林冠生物多樣性的好幫手！它能調節高度，也能用「手臂」在林間精準投放科研儀器，令科學研究離開地面，來到範圍更廣闊的森林上空。

黑麂

國家一級重點保護野生動物，中國特有種類。錢江源是黑麂在全國範圍內的集中分布區。

蘇莊片區

觀星平台

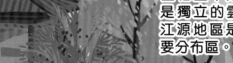

黃臀鵯（粵音：匹）

小型鳴禽，鳴聲清脆洪亮

雲豹

一種高度樹棲的貓科動物。雖然名字為豹，但牠並不是豹屬，而是獨立的雲豹屬。錢江源地區是雲豹的重要分布區。

綠翅短腳鵯

中型鳴禽。

古村落

凌雲寺

位於古田山下，始建於千年前的北宋初期。曾毀於一場大火，後被重建。在當地傳說中，凌雲寺的名字是明太祖朱元璋所賜。朱元璋曾與軍師劉伯溫前往古田附近查看地形，見一座小廟香火旺盛，便前來祭拜，誰知竟然抽中了一個「胸懷大志命不凡」的上上簽。朱元璋十分高興，為這座廟賜名「凌雲寺」，表達凌雲之志。

吳越古樟

相傳樹齡已有千年，有「浙江樹王」的美譽。

長虹片區

星頭啄木鳥

一種體形較小的啄木鳥。

紅嘴相思鳥

小型鳴禽，羽色豔麗，鳴聲婉轉動聽。

錢江源國家公園

體制試點

　　錢江源國家公園位於浙江省開化縣西北部，總面積約 252 平方公里。這裏的地理位置十分特殊，處於地球的北緯 30°線上，這條緯線就像是地球的一條橙黃色「腰帶」，大部分區域都被荒漠或其他惡劣環境所覆蓋，而錢江源至今仍然保有一片發育完好的亞熱帶常綠闊葉林，堪稱這條荒涼緯線上的一個綠色奇跡。

仙八色鶇（粵音：東）

一種外形華麗的小鳥，全身共有 8 種顏色。每年春天，牠們會從東南亞的越冬地加里曼丹島起飛，來到中國東南等地繁育後代。

赤腹鷹

小猛禽，因外形像鴿子，也叫鴿子鷹。

錢江源頭碑

白頸長尾雉

中國特有鳥類。

香果樹

國家二級重點保護野生植物，在中國亞熱帶地區有零散分布。香果樹的名字雖然聽起來很好吃，但它的果實並不能食用。

南方紅豆杉

國家一級重點保護野生植物。

大綠臭蛙

遭遇危險時，大綠臭蛙會分泌出一種帶有蒜味的黏液驅趕敵人。

中華穿山甲

國家一級重點保護野生動物。穿山甲從頭至尾都披覆着瓦狀角質鱗，四肢粗短，前足趾爪強壯，便於挖土打洞。平時走路掌背着地，受驚時會蜷成球狀。

白鷳（粵音：閒）

雄鳥的羽毛擁有十分華麗的黑白色雲紋，所以即使牠們的叫聲暗啞，類似鴨子，在古時候也是一種非常名貴的觀賞鳥。

齊溪片區

何田片區

蓮花溪

亞洲黑熊

錢江源國家公園目前監測到的體形最大的肉食獸類。

林雕

中型猛禽。

鵝掌楸（粵音：秋）

葉子形狀獨特，像鵝掌，因此得名。又因凸出的四個角，形似馬掛，也被稱為「馬掛木」。

青錢柳

第四紀冰期遺留下來的物種，果實外形獨特，成串懸掛在枝頭，像一串古銅錢。

與自然共生的智慧

　　錢江源是浙江省的母親河——錢塘江的源頭，源頭之水一路綿延，孕育了整片流域的山川草木、鳥獸蟲魚，也滋養着世世代代靠水而居的人。人們在這裏認識自然、依靠自然、理解自然，形成了與自然和諧共生，合理利用自然資源的觀念。

古村落裏的智慧

　　錢江源山巒眾多，水系密布，平坦的地形並不多見，但生活在這裏的人們能巧妙地利用有限的地形和空間，依山勢開發梯田、茶園，在溪流兩側建造房屋，方便引取山泉作為日常用水或灌溉勞作。

梯田與茶園

竹筧引水

在家門口開闢
小菜園

山泉廚房

　　人們把竹子中間掏空，做成竹筧（粵音：簡，引水的長竹管），一節節相連，將溪水引到家中，很像簡易版的自來水管，這樣就不用辛苦跑去溪邊打水啦！

活水養魚

　　人們根據水的流向，在自家的魚池內開鑿進水口和出水口，讓溪水通過魚池再自然流走。活水不斷，為魚兒提供了天然的生長環境。

在魚池上搭竹棚能幫魚兒遮擋太陽。竹棚上還可以種植藤類蔬果，一舉兩得。

苔花如米小 也學牡丹開

如果將錢江源比作一幅生機盎然的風景畫作，那麼大面積連續分布的亞熱帶常綠闊葉林，一定是畫作中最出彩的部分。而那些與密林共生，向漫山遍野潑灑着點點綠意的其他自然植物，無疑是整幅畫作中不可或缺的宏大背景。這些隱藏在密林之下的小小身影，雖然外表平平無奇，卻是錢江源生物多樣性的重要組成部分，為保持錢江源自然生態系統的原真性和完整性，作出了巨大貢獻。

不愛曬太陽的蕨類

蕨類植物早在4億年前的志留紀晚期就出現，比恐龍的出現還要早很多很多！它們不太喜歡曬太陽，適應了光照少、土壤空氣潮濕、溫度變化較小的林下陰生環境。現在，蕨類植物廣泛分布在世界各地，有些種類能作為土壤的指示植物，有些可以入藥，有些外觀比較討喜，還被人們用作觀賞。蕨類植物的起源雖然古老，但卻與我們的現代生活息息相關。

這個我知道！因為它們屬於陰生植物！

原來不愛曬太陽的植物也可以這麼富有生機呀。

沒錯，陰生植物指的就是在弱光條件下，比在強光條件下生長得更好的植物。

葉片螺旋狀生長，有效減少遮擋，最大效率吸收陽光。

錢江源國家公園中的蕨類「小矮人」——蛇足石杉。

喜歡溫暖潮濕的生長環境。

金毛狗蕨

卷柏

鳥巢蕨

鐵線蕨

苔蘚有減緩地表徑流、涵養水源、防止水土流失等重要生態功能。

大片叢生、墊狀分布的像海綿一樣的苔蘚。

為荒野着裝的苔蘚

在錢江源國家公園的溪流生境周圍，我們還可以找到一種古老的植物——苔蘚。它們常常緊密、成片地附生在岩石上，能有效地積聚水分，吸納浮塵。苔蘚還是一種非常「樂於助人」的植物！它們能夠與地衣一起促進岩石的風化。久而久之，這些岩石就會變成適宜其他植物生長的土壤！

萬年蘚

浮苔

鱗葉疣鱗苔

南山國家公園

南山國家公園總面積約 1,315 平方公里，涉及中國丹霞世界自然遺產地——崀山（崀粵音：浪）、金童山國家級自然保護區等 14 個自然保護地，是中國大地構造上第二階梯與第三階梯的分界線，也是中國動植物南北、東西交匯的一個十字路口，具有十分重要的保護價值。

穗花杉
國家二級重點保護野生植物。

華南五針松
國家二級重點保護野生植物。

黃腹角雉
通常在樹上築巢產卵。築巢前，牠們會銜來松針、枯葉、苔蘚等，在樹幹之間編製成皿狀巢。

白頸長尾雉
中國特有鳥類。

黃胸鵐（粵音：毛）
國家一級重點保護野生動物，俗稱「禾花雀」。曾在世界範圍內數量繁多，但由於這種鳥類肉質鮮美，以及雄鳥叫聲十分動聽，所以被大量捕殺食用或捕捉飼養，導致數量急劇下降。

長苞鐵杉
中國特有種類。

中華秋沙鴨
南山國家公園每年的春秋兩季，會迎來大量的遷徙候鳥，其中包括對水質環境要求極高的國家一級重點保護野生動物中華秋沙鴨。

幼穿山甲習慣趴在母親尾巴上，尋求庇護。

中華穿山甲
穿山甲沒有牙齒，吃東西時會把小沙礫一起吞到胃裏，幫助消化。

資源冷杉
中國特有樹種，第四紀冰期遺留下來的「植物活化石」，對研究中國氣候變遷、第四紀冰川時期植物區系等有重要意義。

黑熊
體毛長而黑亮，下頦白色，胸部有一塊白色或黃白色月牙形斑紋。

黃桑國家級自然保護區

南山國家公園體制試點

南方紅豆杉
國家一級重點保護野生植物。

篦子三尖杉（篦粵音：備）
從遠古遺留下來的植物，葉形及其排列極為特殊，與同屬其他種類有明顯區別。

林麝
雄性、雌性都無角。雄麝的上犬齒發達，露出口外，呈獠牙狀。頸部兩側各有一條延伸到腋下的明顯白色帶紋。

小靈貓
體形小於大靈貓，身體基色灰黃或淺棕，體斑黑褐色。

72

中國丹霞世界自然遺產地崀山

獨花蘭
中國特有的單種屬植物，數量稀少。

砂欏（粵音：梳羅）
砂欏科植物是一個較古老的類羣，中生代曾在地球上廣泛分布，國家二級重點保護野生植物。

舜皇岩
舜皇山位於越城嶺山脈的腹地。傳說，上古舜帝南巡時曾在這裏小住。舜皇岩是舜皇山中一處別有洞天的岩溶地貌洞穴，洞中發育着千姿百態的鐘乳石、石柱、石筍等，瑰麗無比。

鯨魚鬧海
丹霞地貌形成的奇峯異石，在雲海間「浮沉」，形似羣鯨在大海中嬉戲。

浙江金線蘭
國家二級重點保護野生植物。

東安舜皇山國家級自然保護區

女英織錦瀑
瀑布寬約 20 米，高約 80 米，是舜皇山中最大、最壯觀的瀑布。

天一巷
丹霞地貌造就的「一線天」，全長 238.8 米，兩側石壁高 120 至 180 米。最寬處 0.8 米，最窄處 0.33 米。

八角蓮
葉片為八角星形，深紅色的花從葉片下的莖上伸出，向下生長，十分別致。

女英織錦瀑

華南獼猴桃
葉長條形，果實和我們平時吃的、像小拳頭一樣大的華南獼猴桃小很多。

大靈貓
身體基色棕灰，體斑黑褐色。

伯樂樹
南山、舜皇山均有分布。

長穗桑
果實就是桑葚，與我們日常吃的桑葚相比，它的果實要更瘦、更長一些，約 10 至 16 厘米。

豹貓
國家二級重點保護野生動物，體形大小與家貓相似，但性情兇猛，主要捕食鳥類，也捕食蛙、蛇等。

新寧舜皇山國家級自然保護區

大黃花蝦脊蘭
國家一級重點保護野生植物，國內僅在湖南新寧、台灣北部有極少數的野外種羣分布。

悠然見苗鄉

南山國家公園位於湖南省邵陽市城步縣、綏寧縣、新寧縣和永州市的東安縣。這些地方自然資源豐富，是苗族、瑤族、侗族等多民族聚居的家園，至今仍保留着原始、淳樸的民俗文化。

舌尖上的糯米

當地的瑤族人喜歡吃糯米，他們很早就開始在城步西南方的古田種植旱糯穀和紅米稻了。明清時期，相傳古田的糧食產量每年達十萬石（古代計量單位）。因此，這裏被稱為「十萬古田」。

十萬古田的苔蘚植被

清朝時，古田曾經歷了一次蝗災，當地人舉家逃亡，古田就此荒蕪。但福禍相依，沒有了人類活動的古田後來成了苔蘚植被的天然沃土。

五彩糍粑

人們把天然的植物染料混進糯米中捶打，做成五彩糍粑。據說，人們吃五彩糍粑的習俗，源於女媧用「五彩石」補天的傳說。

酒粑

把糍粑拌上蔥花、薑末，然後澆上紅豆湯。

這裏有句俗語「一碗強盜二碗賊。三碗四碗才是客」。你要喝三碗以上才能品嘗出它真正的味道！

打糍粑

每年的農曆九月二十七，是瑤族舉辦酒粑節的日子。這一天，離家的遊子不管多遠都會趕回來和家人團聚，吃上一碗香香糯糯的酒粑。

這是什麼黑暗料理……

好好喝！我要再來一碗！

油茶

油茶味道獨特，甜、鹹、苦、辣樣樣俱全，喝不慣的外鄉人或許一口也咽不下，但具有提神、驅寒功效的油茶卻是當地人的最愛。

歌聲唱南山

「苗侗窩，百鳥多，喝了油茶就唱歌」。城步苗鄉的各族人自古以來就愛唱山歌，不論勞作還是休息，節慶還是日常，只要高興，他們都會放開歌喉，讓整片南山迴響起悠揚的小曲。

蘆笙
苗、瑤、侗等民族喜愛、擅長的樂器，音色獨特。

木葉吹歌
古時候，人們會通過吹響木葉，向遠方傳遞危險襲來的信號。如今經過千年的演變，木葉吹歌已發展成了一種音樂文化，吹歌人僅用一片小小的樹葉，就能演奏出千變萬化的聲音。

苗鄉歡樂多

擠油尖是當地人流行的一種遊戲活動，他們在長板凳中間畫出分界線，分界線兩側的人互相擠靠，直到一方被擠出板凳，佔領整條板凳的一方就贏了。春節時，有的寨子還會開展打泥腳的遊戲，參與雙方用黃泥團子互相打腳，在歡聲笑語中，泥團在場地中穿梭，激烈又熱鬧。

擠油尖

擠油尖看似是一種人們相互較量與爭奪的遊戲，但淳樸的苗族人從中擠出的卻是歡樂和友誼。

打泥腳

「打個千和萬合，萬合千和，打個五穀豐登，六畜興旺，風調雨順，國泰民安。」打泥腳在苗族人心中寓意非凡，他們認為輸贏並不重要，反而褲腳上被打得泥團子越多，這個寨子來年就會更加興旺。

乘風萬里候鳥來

南山國家公園位於東亞至澳大利西亞候鳥遷徙路線上。每年秋季，大批南下的候鳥應時而起，乘風而飛，來到這裏越冬、休憩；而到了春季，這裏又會迎來上千萬隻北上的候鳥。這種一條通道迎來兩季遷徙的鳥的地點，在全國並不多見。

候鳥大都集結成羣進行遷徙。在高空飛行時，還會不斷變換隊形，「人」字、「一」字等隊形能有效利用氣流輔助鳥兒們飛行，減少體力消耗。

什麼是候鳥

根據鳥類遷徙活動的特點，可以把牠們分為候鳥和留鳥。留鳥一般終年留在出生地；而候鳥則會在每年春、秋兩季，沿着固定的路線，往返於繁殖地與越冬地。

候鳥為什麼要遷徙

引起鳥類遷徙的原因十分複雜，至今也沒有肯定的結論。大多數鳥類學家認為，以昆蟲作為主要食物來源的鳥類，在冬季到來時會面臨食物短缺，於是牠們便會集體飛往溫暖而食物充足的地方。也有人從地球的歷史中探尋鳥類遷徙的起源問題。遠古時期的冰川運動，會令一些地方逐漸被冰川覆蓋，鳥類就會被冰川「驅趕」，向着溫暖的地方遷徙。這種習慣因為生物遺傳的本能被鳥兒們「記住」，一直延續至今。

候鳥的「導航技能」

候鳥身上的謎團很多，除了有關遷徙的謎團外，鳥兒們在長途飛行過程中如何做到不迷路，也成了鳥類學家不斷探究的問題。有人推測，鳥兒們或許能夠依靠日月星辰確定飛行方向，也有人推測地形、景觀、磁場等都能對候鳥的「導航」產生影響。

斑尾塍鷸（粵音：乘核）

2007 年，科學家發現、記錄了一隻連續飛行 14 天的斑尾塍鷸。這是目前人類已知的「最能飛」的候鳥了。

卷羽鵜鶘（粵音：題胡）

鵜鶘類下嘴的喉囊可以伸縮，能用來兜捕和暫時儲存小魚等食物。

大鴇（粵音：保）

匈牙利的國鳥。

金雕

候鳥的飛行高度

- 10000 米
- 9000 米 — 斑頭鷹 — 珠穆朗瑪峯（8,848.86 米）
- 7500 米
- 6000 米 — 海島和水鳥 — 白頭鷹、禿鷹和鷹 — 祁連山（5,547 米）
- 4500 米 — 鴨類和鵝類
- 3000 米 — 大多數遷徙的鳥類 — 神農架（3,105 米）
- 大多數鳴禽
- 知更鳥 鴉 雁 燕
- 泰山（1,545 米）
- 1500 米 1200 米 900 米 600 米 300 米
- 海平面

通常高度　因天氣和山脈等原因達到的特殊高度

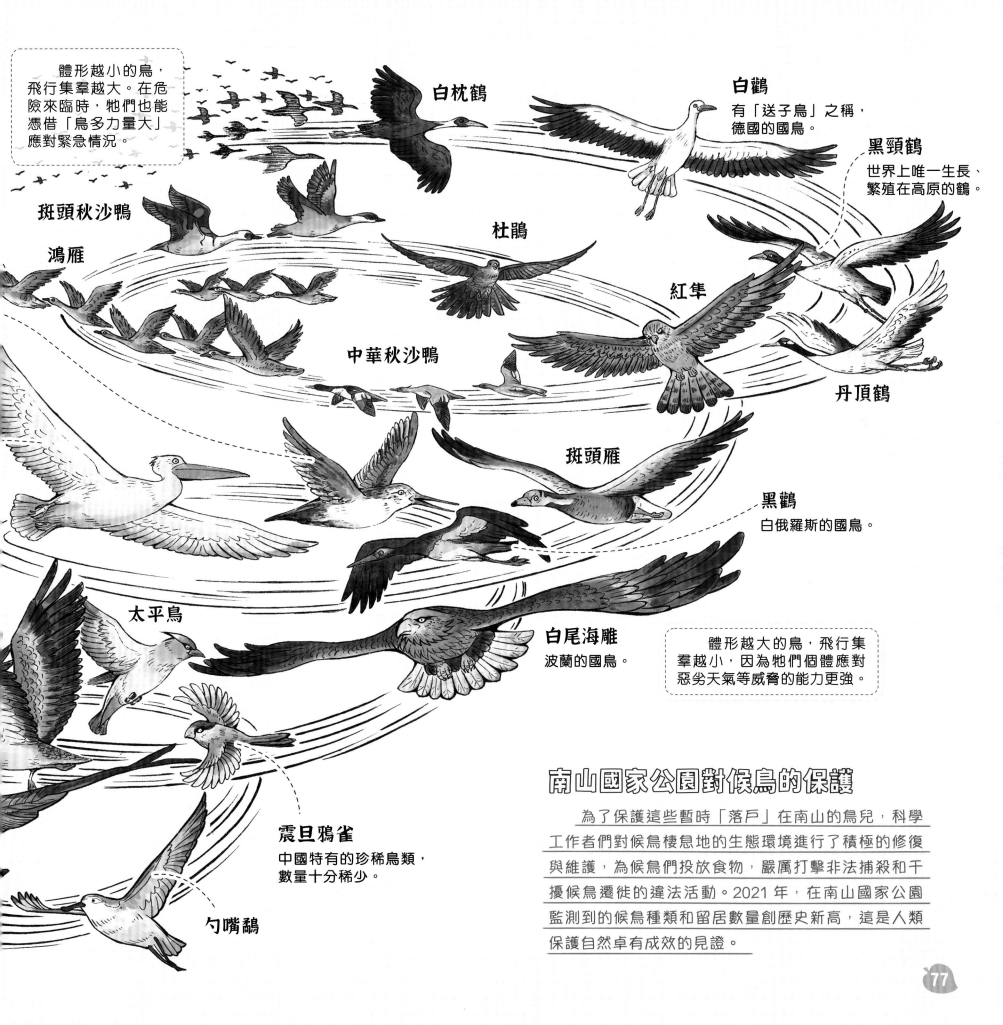

體形越小的鳥，飛行集羣越大。在危險來臨時，牠們也能憑借「鳥多力量大」應對緊急情況。

白枕鶴

白鸛
有「送子鳥」之稱，德國的國鳥。

黑頸鶴
世界上唯一生長、繁殖在高原的鶴。

斑頭秋沙鴨

鴻雁

杜鵑

紅隼

中華秋沙鴨

丹頂鶴

斑頭雁

黑鸛
白俄羅斯的國鳥。

太平鳥

白尾海雕
波蘭的國鳥。

體形越大的鳥，飛行集羣越小，因為牠們個體應對惡劣天氣等威脅的能力更強。

震旦鴉雀
中國特有的珍稀鳥類，數量十分稀少。

勺嘴鷸

南山國家公園對候鳥的保護

為了保護這些暫時「落戶」在南山的鳥兒，科學工作者們對候鳥棲息地的生態環境進行了積極的修復與維護，為候鳥們投放食物，嚴厲打擊非法捕殺和干擾候鳥遷徙的違法活動。2021 年，在南山國家公園監測到的候鳥種類和留居數量創歷史新高，這是人類保護自然卓有成效的見證。

生態保護
刻不容緩

嘻嘻，讓你見識一下我的厲害！

工廠排放的廢氣中含有大量的有害物質。這些氣體有的被生物吸入，導致生病或死亡，有的與大氣中其他物質結合，產生更可怕的後果。

人類活動對生態環境造成的破壞究竟有多大？

工業廢氣

汽車尾氣

原本潤澤森林的雨水，因為變酸了一點，就讓整片森林掉光了樹葉。

翅膀好重，飛不起來了……

媽媽，我肚子餓……

有的湖泊遠遠看上去是一片「健康」的翠綠，生活在這裏的魚兒在水裏卻不能呼吸。

城市廢水

洩漏的石油

廣闊的天空被煙霧籠罩，鳥兒對天空望而卻步。

排入海洋的各類塑料垃圾

生活廢氣

酸雨

咳咳咳！我唱
不出歌了……

酸雨是由廢氣中的二氧化硫與水蒸氣結合
而形成的，具有腐蝕性，能加速土壤營養
物質的流失，影響植物生長。酸度高的酸
雨甚至能讓森林成片枯萎、死亡。

各類城市污水中含有大量的
氮、磷等元素，一旦排放量超
標，就會令藍藻瘋狂滋長。藍
藻是與水生生物「搶奪」水中
氧氣的頭號壞蛋。

農業污水

我快不能
呼吸了……

藍藻氾濫的湖泊

農業污水

每年，全球排入海洋的塑料
垃圾以噸位計數，這些垃圾
小到會被動物吞食，大到能
夠直接束縛動物，對海洋生
態的影響極為惡劣。

人類的生存離不開城市，但隨
着人口增長和現代化城市的迅速發
展，人類在享受着便捷生活的同時，
卻對其他生物賴以生存的自然環境造
成了極大的危害。生物多樣性被破
壞、野生動植物數量急劇減少、全球
性的生態問題接踵而來……這些環境
問題無時無刻都在為人類的命運敲響
警鐘。人與地球上千千萬萬的生物既
然同享一片大自然，也必然同享一個
未來。保護野生動植物，保護自然生
態平衡，就是保護人類自己。

中國國家公園
的保障體系

為了系統地保護自然生態系統和自然文化遺產的原真性、完整性，中國國家公園的管理者與科研人員對保護區進行了科學的規劃，明確功能分區、功能定位和管理目標，為中國國家公園建立了完善的保障體系。以三江源國家公園為例，讓我們來看一看保障體系究竟是怎樣構成的吧。

原住民參與保護

雪災是三江源地區最常見的災害，野生動物常常因為大雪被困或失去食物來源而產生傷亡。這時，三江源的生態管護員就會將草料等保護物資送到需要的地方。有時，由於積雪太厚，車馬不能通過，他們便會踩着積雪、頂着狂風，身背草料徒步前行。

地質學家
地理學家
氣候學家
水文學家
生物學家
社會學家
文化學家
人類學家
考古學家

研究人員

氣象
水文
地質地貌
土地利用
人類活動
植物的數量和分布

依據體制機制方向
生態保護關鍵技術
科研信息化
生態機理和生態監測

研究方式

科學研究

三江源國家公園的保障體系

野生動物的數量和分布

你們真的誤會我了！

在牧民的傳統觀念裏，鼠兔是一類有害的生物，「人鼠大戰」曾在三江源地區持續了半個多世紀。後來，科研工作者通過生態監測，對比了對鼠兔進行消滅和未進行消滅的區域，結果顯示生態環境並沒有因為鼠兔的減少而變好。反而，一些原本靠捕食鼠兔為生，或依靠鼠兔窩為巢的其他物種大為減少。鼠兔作為三江源地區的「原住民」，對維持生態系統健康和生物多樣性實則作用巨大。

地質地貌
水資源
生物系統
生物多樣性
民俗文化

了解保護區

國家公園管理局的日常保護

三江源有不少超級「奶爸」，他們有的沒有結婚，卻已經有了十多個「寶寶」。他們的「寶寶」非同一般，個個都是國家級保護動物，比如藏羚羊寶寶。那這些「寶寶」是怎樣來的呢？可可西里野生動物救護中心經常會接收由於各種原因與媽媽走散的藏羚羊寶寶。這時，救助中心的「奶爸」就會身兼重任，將牠們悉心撫養長大，最後放歸自然。

人為保護

- 科研人員進行科學研究
- 人人都是環境保護者

保護生態健康不只是那些「超級英雄保護者」的責任，我們每一個也能從身邊一點一滴的環保小事做起，為中國的生態保護工作貢獻一份力量。

 不使用一次性餐具

 不亂扔垃圾

 垃圾分類處理

 不使用不可降解的塑料製品

 拒絕購買野生動物製品

 節約用水、用電、用紙等

 不踐踏草坪、不採摘野生植物

 綠色低碳出行

空間布局

- 核心保護區（禁止、限制人類活動）
  - 保護
    - 雪山冰川
    - 江源河流
    - 湖泊
    - 濕地
    - 草原草甸
    - 森林灌叢
  - 提高
    - 水源涵養
    - 生物多樣性
    - 水土保持
- 傳統利用區（當地居民傳統生活、生產空間）
  - 承接核心保育區入口
  - 產業轉移地帶
  - 區外緩衝地帶
- 生態保育修復區（對重度退化草地的修復與治理）
  - 退化草地和沙化土地治理
  - 水土流失防治
  - 自然保育

保護藏羚羊第一人

在歷史記錄中，藏羚羊的數量達到百萬隻之多。然而，在由藏羚羊的絨毛編織的「沙圖什」成為世界級奢侈品後，藏羚羊便一直遭到偷獵者無情的獵殺，瀕臨滅絕。1992 年，一個叫傑桑·索南達傑的人挺身而出，為了保護這些高原上的精靈，他創立了中國第一支武裝反盜獵隊伍。

1994 年 1 月 18 日，索南達傑在與偷獵者的搏鬥中壯烈犧牲。後來，人們在可可西里建立了第一個以保護藏羚羊為主的野生動物保護站，為了紀念索南達傑，人們便把這座保護站命名為「索南達傑保護站」。

阿朵朵的自然花草手帳

分享祖國的生態之美！

中國國家公園之旅結束了，阿朵朵和燦爛又度過了一個意義非凡的假期！他們不僅收穫了豐富有趣的自然生態知識，對我們祖國的山川草木又多了一分了解，阿朵朵還在自己的旅行筆記中記錄、繪製了來自各個國家公園的奇花異草。

祁連山國家公園
列當

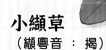

小纈草
（纈粵音：揭）

三江源國家公園
大果圓柏

三江源國家公園

祁連山國家公園
綬草
（綬粵音：受）

三江源國家公園
墊狀點地梅

大熊貓國家公園
穗花杉

大熊貓國家公園
星葉草

東北虎豹國家公園
紫椴（粵音：段）

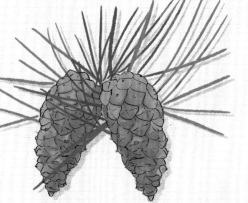

東北虎豹國家公園
長白松

錢江源國家公園
香果樹

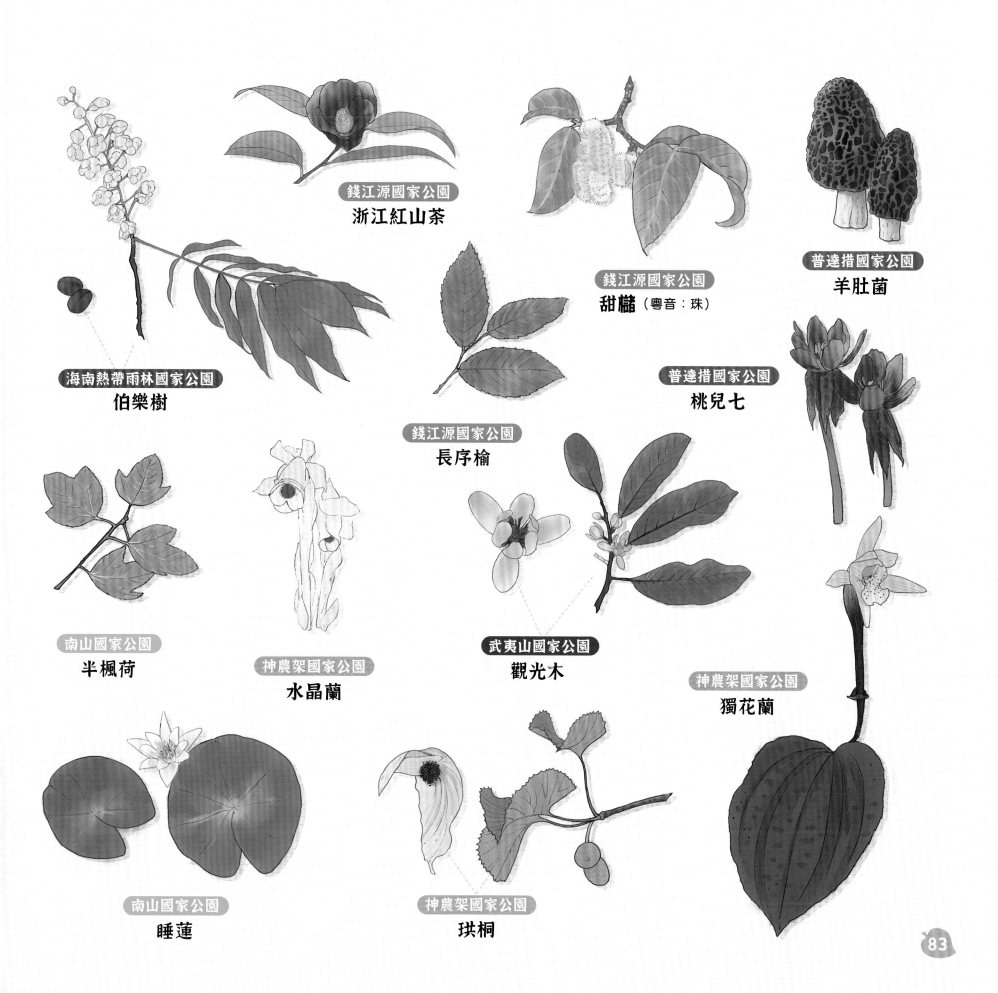

錢江源國家公園
浙江紅山茶

錢江源國家公園
甜櫧（粵音：珠）

普達措國家公園
羊肚菌

海南熱帶雨林國家公園
伯樂樹

普達措國家公園
桃兒七

錢江源國家公園
長序榆

南山國家公園
半楓荷

神農架國家公園
水晶蘭

武夷山國家公園
觀光木

神農架國家公園
獨花蘭

南山國家公園
睡蓮

神農架國家公園
珙桐

資源冷杉

銀鐘花

達烏里秦艽（粵音：九）

東北紅豆杉
是天然珍稀抗癌植物，在地球上
已有 250 萬年歷史。

紅松
世界上最耐火的樹。

岩生忍冬

黑蕊虎耳草

白樺

莢果蕨

阿墩子龍膽

武夷山國家公園

緋紅濕傘

武夷山國家公園

獐牙菜

大熊貓國家公園

高山繡線菊

海南熱帶雨林國家公園

坡壘

武夷山國家公園

燈籠樹

錢江源國家公園

長柄雙花木

大熊貓國家公園

金露梅

海南熱帶雨林國家公園

土沉香

祁連山國家公園

狼青

祁連山國家公園

甘肅雪靈芝

雪靈芝矮小的身材能幫助
它在高原抵禦寒風。

神農架國家公園

扇脈杓蘭
(杓粵音：削)

神農架國家公園

領春木

亞洲象

震旦鴉雀

駝鹿

揚子鱷

生態術語概覽

中國國家公園

指以保護具有國家代表性的自然生態系統為主要目的，實現自然資源科學保護和合理利用的特定陸域或海域，是我國自然生態系統中最重要、自然景觀最獨特、自然遺產最精華、生物多樣性最富集的部分，保護範圍大，生態過程完整，具有全球價值、國家象徵，國民認同度高。

遷徙

某些鳥類、無脊椎動物（東亞飛蝗等）、魚類、爬行類（海龜等）、哺乳類（蝙蝠、鯨、海豹、鹿等）的季節性的長距離更換住處的現象。其中，鳥類的遷徙是最普遍和引人注目的。鳥類的遷徙是對改變着的環境條件的一種積極的適應本能，是每年在繁殖區與越冬區之間的周期性的遷居行為。這種遷飛的特點是定期、定向而且多集成大羣。

食物鏈

生態系統中不同物種之間最主要的聯繫是食物聯繫。通過食物而直接或間接地把生態系統中各種生物聯結成一個整體。這種食物聯繫稱為「食物鏈」。

生態系統

生物羣落與其所生活的環境之間，通過物質循環和能量流動所構成的互相依賴的自然綜合體。生態系統所涉及的範圍可大可小，小至一個池塘、一片森林，大至整個地球。

中華鳳頭燕鷗

倭蜂猴

棲息地

具有動物能維持其生存所必需的全部條件的地區，例如海洋、河流、森林、草原、荒漠等。任何一種動物的生活，都要受到棲息地內各種要素的制約。動物在其適宜環境以外的地區雖可暫時生存，但不能久居，更無法進行繁殖。

生態環境

生物和影響生物生存與發展的一切外界條件的總和。由許多生態因素綜合而成，其中非生物因素有光、溫度、水分、大氣、土壤和無機鹽類等，生物因素有植物、動物、微生物等。在自然界，生態因素相互聯繫，相互影響，共同對生物發生作用。

生態危機

由於人類盲目和過度的生產、生活等活動，致使生態系統的結構和功能遭到嚴重破壞，從而威脅人類生存和發展的現象。主要表現為人口激增、資源極度消耗、環境污染等。解決生態危機的根本途徑是協調人與自然的關係，達到可持續發展。

瀕危等級

出於保護目的，IUCN（世界自然保護聯盟）為了能確認稀有和瀕危物種所處的狀況而提出了一個量化分類法，這個分類方法是依據物種的滅絕概率而提出的，包括三個級別。

極危物種：10 年之間或 3 個世代之內物種滅絕的概率為 50% 或大於 50%；

瀕危物種：20 年之內或 5 個世代之內物種滅絕的概率為 20%；

易危物種：100 年之內物種滅絕的概率為 10% 或大於 10%。

中華鱘

中國小鯢

87

大自然真美！
中國國家公園圖解百科──給孩子的生態保育課

編　　繪：洋洋兔
責任編輯：潘曉華
美術設計：徐嘉裕　郭中文
出　　版：新雅文化事業有限公司
　　　　　香港英皇道499號北角工業大廈18樓
　　　　　電話：(852) 2138 7998
　　　　　傳真：(852) 2597 4003
　　　　　網址：http://www.sunya.com.hk
　　　　　電郵：marketing@sunya.com.hk
發　　行：香港聯合書刊物流有限公司
　　　　　香港荃灣德士古道220-248號荃灣工業中心16樓
　　　　　電話：(852) 2150 2100
　　　　　傳真：(852) 2407 3062
　　　　　電郵：info@suplogistics.com.hk
印　　刷：中華商務彩色印刷有限公司
　　　　　香港新界大埔汀麗路36號
版　　次：二○二四年七月初版

ISBN: 978-962-08-8418-4

Traditional Chinese Edition © 2024 Sun Ya Publications (HK) Ltd.
18/F, North Point Industrial Building, 499 King's Road, Hong Kong
Published in Hong Kong SAR, China
Printed in China

本書中文簡體版《中國國家公園：中國給世界的禮物》由中國科學技術出版社出版。
本書中文繁體字版權經由北京洋洋兔文化發展有限責任公司，授權香港新雅文化事業有限
公司於香港及澳門地區獨家出版發行。